爱上编程
Programming

SUPER SKILLS

U0750557

少儿编程趣学指南

SCRATCH3.0 篇

HOW TO CODE

［美］肖恩·麦克马纳斯
（Sean McManus）著

网易有道卡搭工作室 译

LEARN
HOW TO CODE
WITH SCRATCH

人民邮电出版社

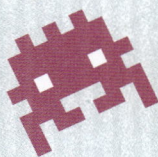

北京

图书在版编目（CIP）数据

少儿编程趣学指南 : 全彩 : Scratch3.0篇·Python篇 : 全2册 / （美）肖恩·麦克马纳斯（Sean McManus），（美）伊丽莎白·特威代尔（Elizabeth Tweedale）著 ; 网易有道卡搭工作室译. -- 北京 : 人民邮电出版社，2020.8
（爱上编程）
ISBN 978-7-115-53355-5

Ⅰ. ①少… Ⅱ. ①肖… ②伊… ③网… Ⅲ. ①程序设计—少儿读物 Ⅳ. ①TP311.1-49

中国版本图书馆CIP数据核字(2020)第012008号

版 权 声 明

How to Code in 10 Easy Lessons & How to Code 2.0

By Sean McManus & Elizabeth Tweedalel, ISBN: 978-1-78493-365-4 & ISBN:978-1-63322-284-7

Copyright © 2015 by Quintet Publishing Limited .Simplified Chinese-language edition. copyright © 2020 by Post & Telecom Press .All rights reserved.

本书简体中文版由 Quintet Publishing Limited 授权人民邮电出版社出版发行。未经出版者书面许可，不得以任何方式复制本书的内容。

版权所有，侵权必究

内 容 提 要

本系列书是一套面向青少年的图文并茂的编程入门书，作者用新奇又有趣的方式带你熟悉 Scratch3.0 和 Python 等时下流行的编程语言，学习简单又有代表性的程序，熟悉编程技巧，创造属于你自己的游戏项目和 App 应用。深入学习本系列书，你将成为一名编程小行家！

◆ 著　　　[美] 肖恩·麦克马纳斯（Sean McManus）
　　　　　　[美] 伊丽莎白·特威代尔（Elizabeth Tweedale）
　　译　　　网易有道卡搭工作室
　　责任编辑　魏勇俊
　　责任印制　彭志环

◆ 人民邮电出版社出版发行　　北京市丰台区成寿寺路 11 号
　　邮编　100164　　电子邮件　315@ptpress.com.cn
　　网址　https://www.ptpress.com.cn
　　北京华联印刷有限公司印刷

◆ 开本：787×1092　1/16
　　印张：8　　　　　　　　　2020 年 8 月第 1 版
　　字数：302 千字　　　　　2020 年 8 月北京第 1 次印刷
　　著作权合同登记号　图字：01-2018-1407 号

定价：69.00 元（全 2 册）

读者服务热线：(010)81055493　印装质量热线：(010)81055316
反盗版热线：(010)81055315
广告经许可证：京东市监广登字 20170147 号

目　录

欢迎来到编程的世界

我们被计算机、手机和平板电脑包围着，它们为我们提供了源源不断的信息。当我们选择了合适的软件（或应用程序）时，它们几乎可以辅助我们做任何我们想做的事情。但问题来了，如果你找不到合适的软件该怎么办？答案是：自己写。

编程就是用数字设备能理解的语言下命令并让数字设备按照命令去做事的过程。在这本书中，你将学习如何编写电脑游戏，并设计一个网站把关于它的一切告诉全世界。

你准备好了吗？

是的，你准备好了！在开始时你不需要掌握任何特殊的技能或知识。每个人都可以学习编程，而且这本书中的项目所需要的软件也是免费的。你只需要一台使用Windows、Mac OS或Linux系统并可以连接到网络的计算机，但是如果你没有合适的计算机，可以询问学校或图书馆可否向你提供符合要求的计算机。如果你有一台树莓派也是可以的，虽然它可能不能运行Scratch程序，但你可以用LeafPad（一款Linux下的轻量级编辑器，类似于Windows下的记事本）构建你的网站。

这本书的阅读顺序

这本书将向你介绍编程的10种核心技能。我们将使用Scratch编程语言来制作一个游戏，但是其中的许多技能对你以后学习其他编程语言也很有用。因为每章会在前一章基础上介绍一些新的想法，所以最好按照正常的顺序阅读本书，这样你就可以在你的程序中用到它们。如果你跳过了某一章，可能会错过一些重要的知识。

实验!

当阅读这本书时，你将会看到一些可以尝试的代码示例。试一试这些代码，看看你是否能改进它。当你的编程能力提高后，你可能想用你新学的知识来改进你之前创建的程序。

这本书中的例子是以Scratch 3.0（中文版）为基础编写的，并用到了它的许多新特性。如果你使用较老版本的Scratch，有些程序将无法正常运行。

并非只是制作游戏

这本书中的例子主要是游戏，但你从中学到的技能可以用来编写其他软件。游戏是极好的例子，在游戏中你可以很容易地看到代码的效果，因而便于测试代码。制作游戏并且玩游戏当然非常有趣！但是，你也会有能力做出很多有实际功能的软件——一旦你学会了编程，你就可以让计算机做很多你想让它做的事情。

当心错误

有时你的程序可能不会像你期望的那样运行，也许是因为有个指令出现在错误的地方。即使是专业的程序员也会遇到这种问题，所以不要烦恼——只要认真检查程序，你很快就会找到错误。改正错误是你在阅读这本书的过程中将会获得的重要技能！

小贴士

用一个笔记本记下关于游戏的所有的想法，包括你在设计游戏角色、谜题和关卡时的各种创意。当你开始制作游戏时，你会发现这个笔记本对你有很大的帮助！

理解编程

如果你想理解编程，首先需要知道什么是编程。编程就是用计算机能理解的语言（通常被称为"代码"）创建命令和信息的过程。在日常生活中，你很少能看见计算机代码，但它们始终存在，它们在后台运行，把一切变成可能。

例如，当你画画时，代码会告诉计算机：当你移动鼠标时它要做什么、屏幕上不同按钮是做什么的、如何画一个正方形等。当你玩游戏时，代码会告诉计算机：这个游戏的规则是什么，如何移动你的角色，以及当你赢或输时它该怎么办。这些代码可以达到令人难以置信的详细程度。

代码也存在于许多家用电器中，它告诉家用电器里面的微型处理器应该做什么。你的洗衣机里有控制时序的代码，你的电视机里可能有显示交互节目指南的代码，手机和平板电脑只是不同形式的计算机，所以它们也依靠代码工作。你还能想到多少包含代码的设备？

计算机语言

计算机语言有很多种。当它们被用于编写指令时，通常被称为"编程语言"，而"程序"是一组指挥计算机做事的指令。

有时计算机语言会被用来组织信息，而不是编写指令。例如，HTML 是一种用来告诉计算机一个网页的每个部分显示什么内容的语言。这种代码不告诉计算机如何做事，所以它不是真正的编程语言。尽管如此，它仍然是一种计算机语言，也仍然是代码。

学习编程最好的方法就是去编程！

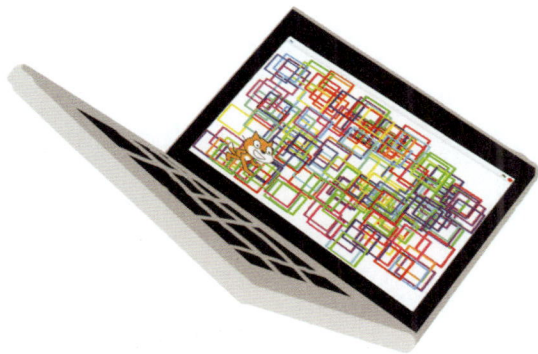

哪种语言？

有很多种不同的编程语言。选择哪种编程语言进行编程，一方面取决于你的计算机或设备能理解哪种语言，另一方面取决于哪种语言最适合你要编写的程序。编程语言类似于人类语言（如英语、西班牙语或日语等），因为它们可以用不同的方法去说明类似的事情。尽管如此，它们也是不同的，因为不同的编程语言往往特别擅长不同类型的任务。

流行的编程语言包括以下几种。

Scratch

非常适合用来制作大量使用图片的游戏和程序。任何人都可以轻松使用。

Python

这种语言很容易上手，同时它也很强大。在工业光魔公司，它被用来协调《哈利·波特》和《加勒比海盗》的电影特效。

C++

这种语言经常用于编写需要快速运行的程序，包括 3D 电脑游戏。

Java

这种语言常用于为 Android 手机开发游戏和其他应用程序，也经常用于设备内部系统（如空调系统）。

JavaScript

这种语言常用于制作网站的互动功能，如弹开的菜单、变化的文本，甚至在线游戏。尽管它与 Java 名称相似，但是它们的差别很大。

你好，世界!

为了快速了解一种计算机语言是如何工作的，程序员们经常会写一个简单的程序，这程序的功能是在屏幕上显示"你好!"或"Hello World!"。下面就是用我们刚刚介绍过的语言写出这个程序的样子：

Scratch

C++

```
#include <iostream>
int main()
{
    std::cout << "Hello World!";
}
```

Python

```
print("Hello World!");
```

Java

```
public class HelloWorld {
    public static void main(String[] args) {
        System.out.println("Hello, world!");
    }
}
```

JavaScript

```
alert("Hello World!");
```

你可能会发现上面的语言有一些不同和相似之处。Python 和 JavaScript 看上去没有多少不同，Java 和 C++ 则使用完全不同的指令，而且除了那些把文字显示到屏幕上的指令以外还需要很多额外的代码。

当你看代码时，你会发现犯错误是件多么容易的事。无论是用错了括号，还是把一条指令放到了错误的位置，或者漏掉了一个分号，程序往往就不会工作。计算机要求所有指令都必须完全正确，它不会去处理人类犯的错误。

小贴士

有时你需要安装额外的软件来使用某种编程语言，但是这些软件通常是免费的。在安装任何新软件之前，请确保得到计算机所有者的许可。

认识你的新语言

在这本书中，我们将使用3种计算机语言：Scratch、HTML 和 CSS。你不需要安装任何额外的软件，但你需要一台可以连接互联网的计算机。

通过使用 Scratch，你会了解编程的一些重要的思想。这类思想也适用于其他编程语言。例如许多语言中都有在屏幕上定位显示信息、循环运行以及存储信息的指令，所以你在这里学到的技能在你今后尝试其他的编程语言时也会很有用。

将 Scratch 作为你的第1门编程语言是一个很好的选择。你不需要输入指令，只需把 Scratch 提供的一块块积木组装到一起来创建你的程序——这意味着你不太可能犯打错字的错误。你也可以在 Scratch 中快速看到结果，这看起来很棒。

下面是一个 Scratch 示例程序——你可以在这里预览一下 Scratch 代码看起来是什么样子。计算机程序从在最顶部的指令开始运行。Scratch 中的指令看起来很像人类的语言，并使用了你能理解的词汇。你能猜出来这个程序可能会做什么吗？

当 🚩 被点击
移到 x: 在 -120 和 150 之间取随机数　y: 在 -120 和 120 之间取随机数
询问 角色的x坐标? 并等待
将x坐标设为 回答
询问 角色的y坐标? 并等待
将y坐标设为 回答

在你学会了如何创建一个 Scratch 程序（见超级技能2）之后，你可以回到这里并尝试创建本页上的例子，看看你是否猜对了。

小贴士

一种验证程序的方法是假装你是一台计算机，并在头脑中按照程序中的指令自己运行一遍。预测一个程序会做什么事情是一种很值得去掌握的本领，因为它可以帮助你更快地修复错误。

建立一个网站

另一个重要的技巧就是建立一个网站，这样你就可以展示你的 Scratch 游戏。在最后两章中，你将学习另外2种计算机语言：HTML 和 CSS。它们一起被用来建立网站。你需要特别注意把框架标签放在正确的地方，以确保你的网站合乎预期。

Hello World!

掌握你的工具

在你编写游戏之前，你需要学会如何使用工具帮助你创建程序。在本章中，你将开始学习Scratch，做出你的第1个程序，并尝试使用图形编辑器和声音库。

开始

启动你计算机里的网络浏览器，进入Scratch官方网站。单击屏幕顶部的〝加入Scratch〞。你需要创建一个用户名并设置密码。为了保护隐私，用户名应该不同于你的真实姓名，密码应该是别人很难猜到的。你还需要输入你的出生年月、性别、国籍以及电子邮件地址。其中有些信息可以让Scratch团队了解谁在使用Scratch，有些信息可以在你忘记密码时帮助你找回密码。

单击屏幕顶部的〝创建〞（Create）按钮。现在你就可以开始编程了！

如果你登录了，Scratch会自动保存你的工作。如果稍后想要再找到你编写过的程序，你可以单击屏幕右上角的用户名，然后单击〝我的东西〞。

加入Scratch

创建一个Scratch很容易（而且免费！）

选择一个Scratch用户名

选择一个密码

确认密码

个人中心
我的东西
账号设置
退出

注意安全！ 在线发布任何关于你自己的信息之前，一定要征求成年人的同意。

小贴士
你无须成为会员也可以试玩一下Scratch——只需要在屏幕的顶部单击〝创建〞。但是，在你花很多时间编写程序之前注册一下是个好主意，因为注册后你可以在线保存你的作品。

行动!

用代码创造游戏的过程,有点像导演一部戏剧或电影,其中所使用的一些词语都是相同的。舞台就是动作发生的地方,你很快会看到如何在舞台上移动角色。

角色就像戏剧中的演员和道具。赛车、马和外星人都是角色,即使像围墙或树木那样通常不动的东西也可以是角色。你可以在舞台下面的角色列表中找到所有的角色。

在戏剧中,代码是演员阅读的剧本。在Scratch程序中,代码是你给角色的指令。你可以让角色说话,你也可以让它们发出声音、左右移动、画一幅画,或改变造型。你可以在代码区域中编写代码。

背景是所有角色背后的画面。例如,如果想让角色看起来像是在太空中,就可以使用有星星的背景图片。

一组代码

舞台　　角色　　　　背景

Scratch在iPad上不能用。在iPad上可以使用一个简单的应用程序叫作Scratch Jr,但它与Scratch有很大不同。

积木区

角色列表

小贴士
如果你可以选择网页浏览器的话,请用谷歌Chrome浏览器来运行Scratch。

制作"马拉松猫"

好的，现在你已经知道了屏幕上每个东西的位置，也建好了一个 Scratch 账户，你已经准备好制作第 1 个程序了——它叫作"马拉松猫"。每一个新建项目中都有这只猫，所以它在很多 Scratch 项目中都是主角。

在 Scratch 中你使用的指令被称作积木，它们像拼板玩具一样锁在一起。你可以在积木区中找到它们。单击"移动 10 步"积木后，你就会看到猫移动了一下。

小贴士

这个"10步"会告诉猫移动多远，而不是多少次，所以你只会看到猫移动 1 次。单击"10"并输入更大或更小的数字，然后再单击那块积木——看看有什么不同？

移动 10 步

拖入一块积木

将鼠标指针移动到积木上，并按住鼠标左键，把积木移动到代码区域。这时释放鼠标左键，这块积木就会停留在代码区域中。现在你也可以单击代码区域中的积木来让小猫移动。

小贴士

这种移动鼠标的方式叫作"单击并拖动"，在 Scratch 中大量用于移动积木和代码。

创建你的程序

总共有 9 种不同类型的积木，用不同的颜色表示。"移动 10 步"积木能移动角色，所以它是一块运动积木。单击积木区左侧的"事件"按钮，你会看到一整套新的黄色积木出现在积木区中。这些积木会让代码在事件发生时做出反应。

从积木区中拖动"当 ▶ 被点击"积木，并把它放在代码区域中"移动 10 步"积木的上面，它们会"黏"在一起。

祝贺你！你已经完成了第 1 个程序！当你单击舞台上方的"▶"按钮时，猫就会移动。试试看！

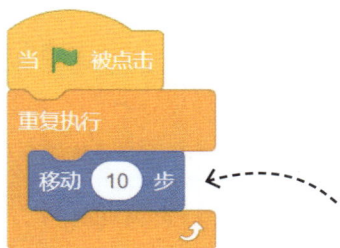

让猫跑起来

我们可以让猫一直跑，而不必每一步都去推它。单击积木区左侧的"控制"按钮，并找到"重复执行"积木。把它拖到你的代码区域，套在"移动 10 步"积木外面。任何在"重复执行"积木内部的指令都会一直重复运行，直到你用舞台上方的红色按钮或程序中的指令停止程序。单击"▶"按钮，让你的猫跑一场马拉松吧！

当猫从屏幕上跑出去时，你可以在舞台上单击并拖动它，把它拉回来。

实验时间

为什么不试着添加其他的运动积木和控制积木，看看它们是做什么的？你可以把"重复执行"积木拖出去，或者把更多的积木放进来。试一下！

美化图形

让我们换个背景吧。在角色列表的右侧有添加背景的小图标，将鼠标指针移到上边，用来添加新背景的4个图标就会弹出。单击图标 🔍 来打开背景图片库。你可以在不同的类别和主题中选择，并使用右边的滚动条来查看更多内容。选择一张包含路面的图片，然后把舞台上的猫拖到合适位置。

到达再返回

将"碰到边缘就反弹"积木添加到你的程序，这样猫在到达屏幕的边缘时会转身往回跑。

小贴士

颜色就是线索！如果你想找到黄色积木，就单击积木区左侧的黄色"事件"按钮。

修复你的第1个错误（bug）

哦不！当猫转身向左移动时，它会翻跟头。这是一个"bug"，或者说这是我们程序中的一个错误。Scratch只会完全遵循我们的指令，我们必须小心地避免这种奇怪的事情发生。修正错误的过程被称为"调试"（debugging），它是专业程序员工作中的重要部分。

要修复这个错误，我们需要使用一块改变猫转身方式的积木。这是一块叫作"将旋转方式设为左右翻转"的运动积木。我们只需要这样做一次，所以要把它放在"重复执行"积木之外。

加上声音

将右图的代码添加到角色中。它不会加入移动代码，但它仍然在代码区域里。现在，当你按下"空格"键时，猫就会发出"喵"的声音。试试看！

如果想向角色中添加新的声音，可以单击积木区上方的"声音"选项卡。声音库会打开，你可以找到你想要的声音并添加到你的角色

当按下　空格 ▼　键
播放声音　喵 ▼

中。如果想在程序中播放声音，可以用"播放声音喵"积木，并单击积木中的下拉菜单，在这里选择不同的声音。

使用图形编辑器

Scratch 从戏剧中借用的另一个想法是"造型"，也就是角色的外表。单击积木区上方的"造型"选项卡，你可以看到猫的两套造型。图片有两种类型，分别叫作"矢量图"和"位图"。位图更容易编辑，所以单击左下角的"转换为位图"按钮。

在屏幕左侧，你会发现一套绘图工具。单击一个工具，然后在"填充"和"轮廓"的下拉菜单中选择颜色，就可以用鼠标在猫的造型上画图了。使用"线段""矩形"和"圆"工具时，可以单击鼠标并拖动以画出形状。"选择"工具使你可以选择图片的一部分来移动或复制，它们也是通过"单击并拖动"的方法来使用的。对于"画笔"和"橡皮擦"工具，你可以单击按钮并移动鼠标来画图或擦除。

Scratch 绘图工具

- ▶ 选择
- 变形
- 画笔
- 橡皮擦
- 填充
- T 文本
- 线段
- ○ 圆
- □ 矩形

熟能生巧！

现在你知道如何制作程序、改变背景、添加声音以及编辑角色的造型了。花点时间用新工具磨炼一下你的技能。

找到你的方位

游戏玩家的输赢取决于他们的角色、敌人和障碍物的精确位置。你需要学习一种超级技能来了解显示屏幕的构造，以及准确地把你的角色放在你想让它出现的地方。

了解网格坐标

Scratch 使用坐标来控制角色在舞台上的位置。x 坐标用于表示水平位置（从左到右），y 坐标用于表示垂直位置（从上到下）。如果你以前画过图或者使用过地图，你就会很熟悉这种做法。

当你开始一个新的 Scratch 项目时，猫会出现在屏幕正中间。坐标都是从屏幕中心点开始计算的，所以屏幕中心点的 x 和 y 值都是 0。中心点左边的位置的 x 值为负数（例如，−10），而右边的为正数（例如，10）。对于 y 坐标，中心点以下为负数，中心点以上为正数。

Scratch 中有一个背景可以很容易看出坐标是如何工作的。它被称为"Xy-grid"，你可以进入背景库用搜索功能找到它。创建一个新项目并添加这个背景。如果你不记得如何改变背景了，可以回到"超级技能2"中看一下。

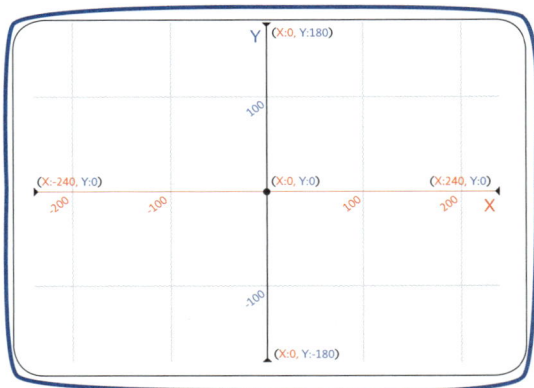

小贴士

有一个简单的方法来记住 x 和 y 之间的差异："x 是横向的"。这样就容易记住。

改变一个角色的位置

Scratch 中有 6 块使用坐标的运动积木用来改变角色的位置。当你单击一块积木中的数字时，你可以输入一个新的数字，正负都可以。

这块积木可以把角色移动到一个特定的坐标。使用"移到 x:0 y:0"积木可以让角色返回到屏幕中心，也可以改变数字把它放到其他地方。角色会立刻跳到那里。

移到 x: `0` y: `0`

想仔细观察角色的移动吗？可以使用这块积木。"在 1 秒内滑行到 x:0 y:0"意味着这次移动将花 1 秒完成。你可以输入 0.5，代表 0.5 秒，这样可以加速移动过程。

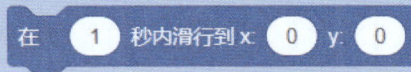

在 `1` 秒内滑行到 x: `0` y: `0`

你可以单独把角色的 x 坐标设置为特定位置，而不影响它的 y 坐标。使用积木"将 x 坐标设为 0"，就可以把角色放置在屏幕水平方向的正中线上，但不影响它在垂直方向的位置。

这块积木能改变角色的 y 坐标，而不影响 x 坐标。如果要把角色放置到屏幕底部而不改变它水平方向的位置，可以在这块积木里把 y 坐标设置为 -150。

将 x 坐标设为 `0`

将 y 坐标设为 `-150`

这块积木可以相对于角色目前的位置改变它水平方向的位置。使用"将 x 坐标增加 -50"会让角色向左飞跃，或使用"将 x 坐标增加 10"可以让角色向右跨一小步。

这块积木可以相对于角色目前的位置改变它垂直方向的位置，而水平方向保持不变。使用"将 y 坐标增加 20"积木可以让角色往上跳，或使用"将 y 坐标增加 -20"积木可以让角色再跳下来。

将 x 坐标增加 `10`

将 y 坐标增加 `-20`

注意！用来设置坐标的积木和更改位置的积木的作用很不同，但它们很容易混淆。

把尾巴钉在驴身上

　　超级技能来自实践，所以这里有一个简单的游戏来帮助你增强对屏幕位置的感觉。它是基于派对上的"把尾巴钉在驴身上"的游戏设计的，这个游戏的规则是玩家在被蒙上眼睛的情况下，在一张驴子的照片上钉一个纸尾巴。钉得最接近正确位置的人是赢家。我们要做的是数字版本的游戏，通过设置尾巴的坐标来放置它。你能放到正确位置吗？

怎样创建这个游戏？

1 创建一个新项目。用鼠标右键单击猫打开菜单，选择"删除"。这次我们不需要它。

2 单击角色列表下方按钮从角色库中选择角色，然后选择"Horse"（因为角色列表中没有驴，所以我们选择与它相似的马）。如果先进入顶部的"动物"类，你会更快找到它。

3 右键单击这匹马（不管是在舞台上还是在角色列表中）打开菜单，然后选择"复制"。现在你有两匹马了。

4 单击角色列表中的第一匹马，单击"造型"标签。在"图形编辑器"中，单击"转换为位图"按钮，然后用橡皮擦擦除马的尾巴。

小贴士
如果你觉得游戏太难了，试着添加"Xy-grid"背景，用它来计算尾巴的位置。

5 单击角色列表中的第二匹马。这一次，使用图形编辑器擦除马的身体，只保留尾巴。现在我们已经删除了造型中的很多部分，我们还需要告诉Scratch它的中心应该在哪。选择尾巴并把它拖曳到造型的中心点位置标记处。如果你不这样做，在游戏中尾巴的位置将是错误的，因为Scratch会误认为尾巴的中心点还在已经被删除的马的身体所在的地方。

小贴士

"询问你叫什么名字？并等待"和"回答"都是侦测积木。你需要更改"询问……并等待"积木中的问题，并把"回答"积木拖到"将x坐标设为0"和"将y坐标设为0"积木的上面。

6 单击积木区上方的"代码"选项卡，然后单击角色列表中的马的身体来为它制作一组代码。"在1和10之间取随机数"积木能为你选择一个随机数，在这里用它把马放在一个随机的位置。这是一块"运算"积木。下图显示的数字会把马随机地放在屏幕上，并留有足够的空间添加尾巴。当你改变一个角色的x坐标或y坐标位置时，实际上是把角色的中心点放到你指定的位置。如果我们把马放在离舞台边缘太近的地方，它的头、腿或屁股就会超出舞台边缘。

当 ▶ 被点击
移到 x: 在 -120 和 150 之间取随机数　y: 在 -120 和 120 之间取随机数

7 单击角色列表中的尾巴，并给它制作下面这组代码。"询问……并等待"积木和"回答"积木是侦测积木。

当 ▶ 被点击
移到 x: 在 -120 和 150 之间取随机数　y: 在 -120 和 120 之间取随机数
询问 角色的x坐标? 并等待
将x坐标设为 回答
询问 角色的y坐标? 并等待
将y坐标设为 回答

8 单击"▶"按钮，看看你能把尾巴定位到多接近正确位置的地方！每次开始玩的时候，马的身体都会出现在一个新的位置。

进一步练习

你能为每次尾巴的移动添加不同的音效吗？单击积木区上方的"声音"选项卡，单击小喇叭图标添加新的声音。使用"播放声音horse"积木，在"将x坐标设为'回答'"之后和"将y坐标设为'回答'"之后各插入一次，并把声音换成你的新音效。

用笔画画

"落笔"积木可以让你在舞台上通过移动角色来画图。当角色的笔落下的时候，它就会在它经过的地方留下一条线。你可以改变画笔的粗细和颜色，也可以用"全部擦除"积木从舞台上擦掉你的图画。"抬笔"积木可以让角色停止画图。

新建一个项目，添加"Xy-grid"背景。单击猫的角色，加入以下代码。单击▶，看猫画出一条船。

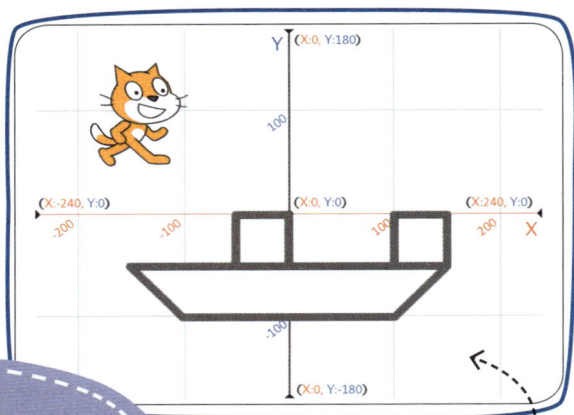

小贴士

"将笔的颜色设为……"积木可以让你在单击积木中的颜色盒时选取颜色。在这里我们使用了金属灰颜色，但是你可以选择别的颜色。

在这张图片中，猫被挪开了，这样你就可以清楚地看到图画了。猫在屏幕上移动的速度太快，你无法跟上它，但是你能看出来绘制这些线条的顺序吗？通过程序中的"移到 x:……y:……"积木和"Xy-grid"背景来跟踪猫走的路线。

为什么有这么多的"抬笔"和"落笔"积木？

有时我们想把猫移到一个新的位置而不画线，比如当我们画完船身，需要从船底移动到船的一个烟囱的起点时，如果不先把笔抬起来，就会画出不需要的线条。

小贴士

每个角色都有自己的笔，所以你可以让一些角色画画，另一些角色休息。

改变船的位置

如果你想把船整体向左边移动20步怎么办？这真的很难，因为你必须改变图中所有东西的 x 坐标。如果你也想改变 y 坐标，那就要做更多的编辑工作。

这就是上述情况中不推荐使用特定的坐标，而是使用你已经看到的那些积木来改变 x 或 y 坐标的原因。其他一些能够移动位置和改变方向的积木可参考右边方框中的内容。

> 移动 10 步
>
> 这块积木能让角色在它目前行进的方向上移动一定步数。记住，你可以让角色停止在屏幕上旋转，即使它目前正行进在某个特定的方向上。
>
> 右转 ↻ 15 度
> 左转 ↺ 15 度
>
> 这两块积木能让角色的行进方向转动一定的角度。
>
> 面向 90 方向
>
> 这块积木能让角色转到某个特定的行进方向上。"0"代表向上，"-90"代表向左，"90"代表向右，"180"代表向下。负数（介于-179和0之间）表示逆时针方向旋转，正数（0到180）表示顺时针方向旋转。

这组代码使用移动位置和改变方向的积木来绘制船体，这次用绿色。你能把烟囱加上画完这艘船吗？现在你可以把船放在任何你想要的地方了！

```
当 ▶ 被点击
全部擦除
将笔的颜色设为 ●
将笔的粗细设为 8
抬笔
移到 x: -100 y: -100
落笔
面向 -45 方向
移动 70 步
面向 90 方向
移动 300 步
面向 -135 方向
移动 70 步
面向 -90 方向
移动 200 步
```

加入大海和天空

你可以通过在船下面画一条非常粗的蓝线当作大海，再画一条又粗又短的红线当作太阳，最后，把猫放在船上。把下面这些积木加入到整体代码的末尾。

```
移动 200 步
抬笔
移到 x: -240 y: -150
落笔
将笔的颜色设为 ●
将笔的粗细设为 100
移到 x: 240 y: -150
抬笔
移到 x: 200 y: 150
将笔的颜色设为 ●
落笔
移动 1 步
抬笔
移到 x: -100 y: 0
面向 90 方向
```

进一步练习

为什么不试着自己画一幅画呢？你可以先把它画在方格纸上，这样就可以更容易地找到坐标。

不要重复自己做过的事

有时你可能想一次又一次地做同样的事情，但是总用同样的指令编写同样的程序（即使只是复制和粘贴代码）会令人厌烦的。但你可以用循环来让计算机重复一些指令。

画一个正方形

为了了解循环是如何工作的，让我们来看一个简单代码的例子，它能在每次单击▶时画一个正方形。你可以通过每次移动猫的位置防止它的笔迹覆盖前面画的正方形。

这组代码有几个问题。第一，在阅读程序时很难弄清楚它要做什么。好的程序应该容易让人理解。在这组代码里，你必须核对所有的边和角以确保它能画出一个完整的、完美的正方形。

第二个问题是它的创建相当烦琐，因为你不得不一次又一次地重复拖拽同一块积木。你可以复制积木（右键单击积木可以弹出菜单），但这仍然不是一个很好的办法，好在我们不需要画八边形、九边形、十边形或具有更多边的形状！

如果要更改代码来画不同的形状，则必须重新编辑几乎所有的积木。

当 ▶ 被点击

落笔

移动 50 步
左转 ↺ 90 度
移动 50 步
左转 ↺ 90 度
移动 50 步
左转 ↺ 90 度
移动 50 步

小贴士

循环不仅仅能用来画画。你可以用循环来重复任何你想要重复的程序。

创建一个循环

编程的准则之一是不要重复自己做过的事。与之相对的，你要让计算机替你做那些需要重复的事情。达成目的的方法就是写一个循环——能重复运行多次的一小段程序。

在 Scratch 中，你可以使用"重复执行10次"积木来创建循环。在画正方形的情况下，你只需要重复4次，所以把积木中的数字更改为4。在黄色的"重复执行4次"框架内的指令会被执行4次。和之前的代码相比，这种代码更短、创建起来更快，也更容易理解。

编辑你的循环

使用循环的另一个好处是你很容易改变它。如果你决定画一个有10条边的形状（十边形）该怎么做呢？你只需要改变2个数字。它当然比一条条地编写单独的命令来画出每条线要好得多。

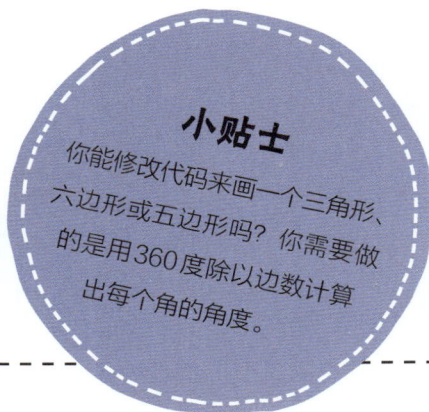

小贴士

你能修改代码来画一个三角形、六边形或五边形吗？你需要做的是用360度除以边数计算出每个角的角度。

循环嵌套循环

如果你想用150个方格组成一个图案该怎么办？你可以把画正方形的循环放到另一个重复150次的循环中。在这组代码中增加了一些指令来让猫在画每个方格之前移动到一个随机位置，并在画每个方格之前改变笔的颜色。

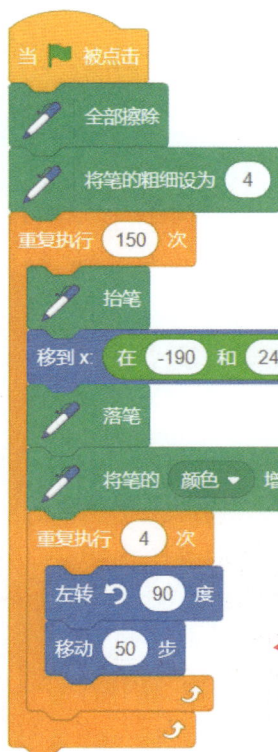

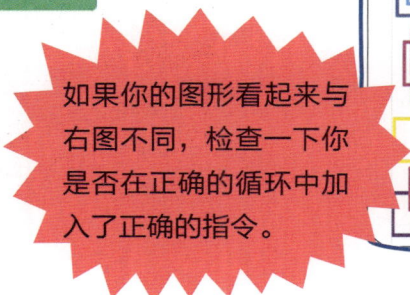

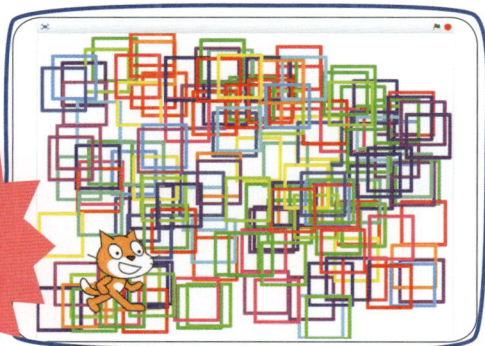

如果你的图形看起来与右图不同，检查一下你是否在正确的循环中加入了正确的指令。

创建你自己的积木

你会经常发现在程序中的不同地方有做相似工作的指令。例如，你可能想让角色在玩家每次按下按钮时起跳，或者当它碰到助推垫时飞向空中。为了避免重复劳动，你可以创建一套能用于这两种效果的积木——角色可以移动到不同的高度、用不同的速度来跳跃和弹升。在Scratch中，你可以通过创建自己的积木来达到这样的效果。让我们通过创建一个能画正方形的积木来看看这是怎么工作的。

在积木区左侧，单击"自制积木"按钮，然后单击积木区中的"制作新的积木"按钮。当菜单打开时，窗口里面有一个空的红色积木。这是给你的新积木起名的地方。我们把它叫作"画一个正方形……"。在这里我们需要输入一个数字作为边长，所以单击"添加输入项"按钮来添加一个数字。在上方的红色积木里，你会看到一个写有"number or text"的文本框。单击此处并把它改成"边长"。

"定义"积木。在这里，你可以通过创建一组代码来告诉Scratch你的新积木应该做什么（如下图所示）。如果要把"边长"添加到代码中，只需要把它从红色"定义"积木中拖出来就行。它应该放在"移动……步"积木的孔里。下图所示是画正方形的代码。

当你单击"完成"按钮时，会发生两件事。首先，在积木区中会出现一块新的积木，也就是你刚创建的积木。你可以看到它包含一个能输入数字的孔，就像在"移动……步"积木中的孔一样。你在这里输入的数字也会进入你的"边长"积木，所以你可以在这块积木的指令中使用它。

发生的第二件事是在代码区域中加入了

现在你有了一个新的指令，你可以用它在任何地方画任意大小的正方形。如果要画一个边长是50的正方形，你将用到这块积木。

小贴士
编程技巧的一部分是像这样找到可以把程序分解成更小块的方式。注意寻找机会以这种方式重复使用你的代码。

使用你的新积木

现在我们可以用画正方形的积木来编写一个画房子的程序。可以用正方形画窗户和房子的轮廓，再加上单独的线条画房顶和门。当我们告诉Scratch怎样画一个正方形后，只需再告诉它要画几个就可以了。

当 ▶ 被点击
落笔
面向 -45 ▾ 方向
移动 25 步
面向 -90 ▾ 方向
移动 50 步
面向 -135 ▾ 方向
移动 25 步
面向 180 ▾ 方向
画一个正方形 85
将x坐标增加 10
将y坐标增加 -10
画一个正方形 25
将x坐标增加 40
画一个正方形 25
将y坐标增加 -40
画一个正方形 25
将x坐标增加 -40
将y坐标增加 -35
面向 0 ▾ 方向
落笔
移动 35 步
右转 ↻ 90 度
移动 20 步
右转 ↻ 90 度
移动 35 步

你不能让其他角色使用你的新积木，它只适用于定义过它的角色。

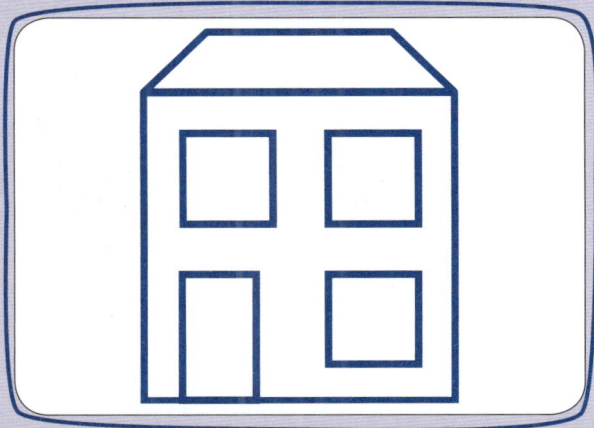

进一步练习

你能通过更改这个程序来画一座城镇吗？你可以使用"重复……次"积木一次又一次地把角色移到不同的地方画房子。

做决策

有时程序需要决定下一步该做什么，这取决于程序中的其他内容或用户正在做什么。在本章中，你将学习如何编写能做出决策的代码。

制作蜂鸣器游戏

你可能在集市上看到过蜂鸣器游戏：你需要用手稳定地拿着一个套在一根弯弯曲曲的管道上的小环，沿着管道移动而不碰到管道。我们在本章的第1个游戏中也使用了类似的创意：你将在屏幕上引导一支箭移动，但是你不能触碰到红色的障碍。

到目前为止我们所有的程序在每次运行时都会做同样的事情，除了随机位置不同以外，每次单击"▶"时画出的图形都是一样的。

在这个游戏里，当我们按下按键控制角色时，我们需要Scratch做不同的事情，也需要在角色触碰到禁止触碰的颜色时让蜂鸣器发出声响。游戏运行时，每个玩家的玩法都不一样，有些玩家会朝着奇怪的方向上走，也有些玩家会比其他人更多地触碰到红色。程序需要决定何时何地移动角色，以及何时发出蜂鸣声。

用于决策的积木是"如果……那么"积木（见右上方图）。这块积木和我们日常生活中的一些想法有点相似。想象一下这个句子："如果下雨，就把你的外套穿上。""下雨"像是"如果……那么"积木中六边形的部分，"把你的外套穿上"那部分就会

进入积木的框架内。

"如果……那么"积木中的部分

- 一个六边形孔：这是用来决定程序是否应该做某事的。
- 一个框架：样子与"重复……次"积木类似。在这个框架内的命令可能会发生，也可能不会发生，取决于程序的决策。

试试"如果……那么"积木

这里有一个简单的程序来展示"如果……那么"积木的运行效果。它使用一块侦测积木检查"空格"键是否被按下,如果是,则让角色移动10步。我们必须使用一块"重复执行"积木,以便让程序不停地检查我们是否按下了空格键。单击"▶",在你按下"空格"键时角色就会移动。

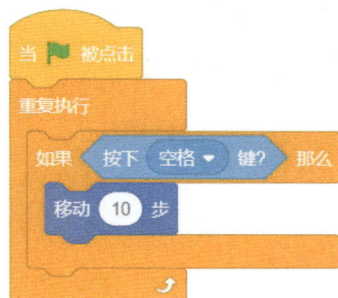

```
当 ▶ 被点击
重复执行
    如果 按下 空格▼ 键? 那么
        移动 10 步
```

通常,当你想要判断一个数字是否大于、小于或等于另一个数字时——例如,你可能想知道角色的x坐标是否大于240,这意味着它是否超出了舞台的右侧——可以使用一些运算积木。

用操作符积木比较数字

```
[ ] < [ ]
[ ] = [ ]
[ ] > [ ]
```

"……<……"积木判断第1个框中的数字是否小于第2个框中的数字,"……=……"积木判断它们是否相等,"……>……"积木检查第1个框中的数字是否大于第2个。

试试下面这个程序:当你按下"空格"键时角色会开始移动,但是当角色移出舞台的右侧时,它会自动返回到舞台左侧。

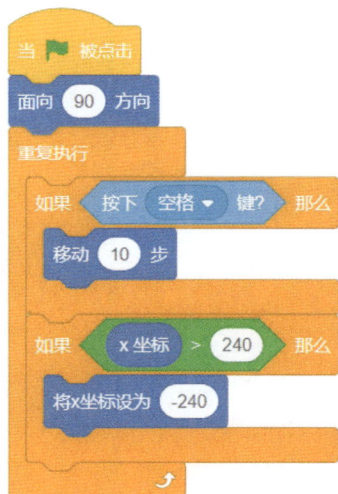

```
当 ▶ 被点击
面向 90 方向
重复执行
    如果 按下 空格▼ 键? 那么
        移动 10 步
    如果 x坐标 > 240 那么
        将x坐标设为 -240
```

小贴士

还有很多其他因素可以用来做决策。使用"碰到……?"积木,你可以检查一个角色是否触碰到了另一个角色、舞台边缘或鼠标指针。你可以使用"按下鼠标?"积木来检查鼠标按钮是否被按下,而"碰到颜色……?"积木则可以帮你测试角色是否正在碰到某种特定的颜色。

编写蜂鸣器游戏的代码

现在你已经准备好编写蜂鸣器游戏了。首先，设计背景。在舞台下面的角色列表中，使用画笔来画一个新的背景，在上面画上红色的需要绕过的障碍。右键单击猫，选择"删除"。现在添加一个新的角色"Arrow1"。单击"造型"选项卡，并确定"arrow1-a"被选中。如果没有选中，单击它。把"Buzz Whir"的声音效果添加到你的"Arrow1"角色中。

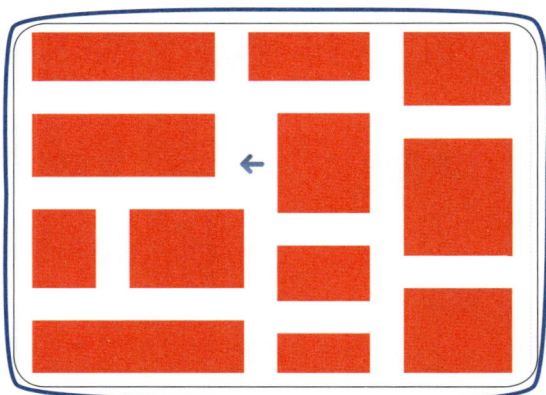

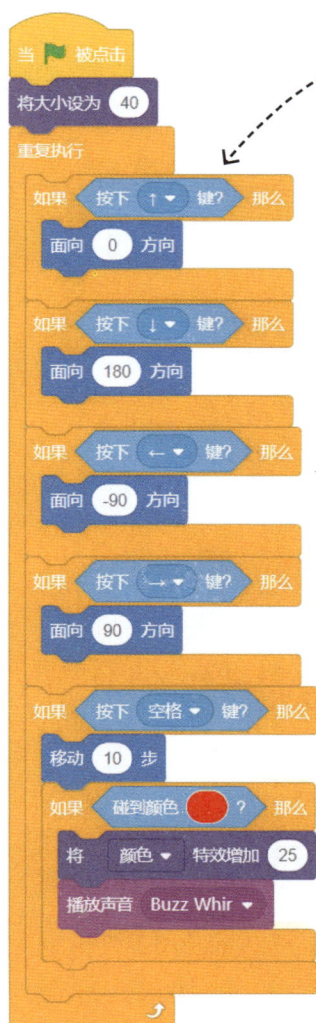

这是你需要放在"Arrow1"角色上的程序，它让你可以运行蜂鸣器游戏。

这里有一些新东西。为了检测按键是否被按下，你需要使用"按下……键？"侦测积木，并单击其中的下拉菜单选择需要侦测的键。"碰到颜色……？"积木也是一块侦测积木。要把侦测的颜色改为红色，可以单击其中的色块，然后单击舞台上的一个障碍物。这将确保你在检查角色是否触碰到红色时准确地检测到障碍物的颜色。

你还可以用外观积木添加当角色碰到障碍物时变化颜色的效果。因为障碍物检测像键盘控制一样都是在"重复执行"积木的循环中，只要你碰到障碍物，程序就会不断改变角色的颜色，使它以不同的颜色闪烁。

看看你能不能从屏幕的一边成功走到另一边。也许可以和朋友一起玩，看谁持续不碰障碍的时间最长，或者规定当箭头碰到红色时换人玩。

```
当 🏁 被点击
将大小设为 40
重复执行
    如果 按下 ↑▼ 键？ 那么
        面向 0 方向
    如果 按下 ↓▼ 键？ 那么
        面向 180 方向
    如果 按下 ←▼ 键？ 那么
        面向 -90 方向
    如果 按下 →▼ 键？ 那么
        面向 90 方向
    如果 按下 空格▼ 键？ 那么
        移动 10 步
        如果 碰到颜色 ● ？ 那么
            将 颜色▼ 特效增加 25
            播放声音 Buzz Whir ▼
```

小贴士

"当按下……键"积木可以用来当按下某个键时的触发代码。在动作游戏中使用它会感觉有点慢，但这是控制角色的另一种方式。注意：编写一个程序通常有两种或更多种方式！

调整难度

如果游戏太难了，会令人感到沮丧，容易使玩家放弃。但如果游戏太容易了，就没有挑战性，没有人愿意玩。找到合适的难度水平并不容易，但这是制作一款成功游戏的关键。

解决难度问题的方法是让别人来测试你的游戏。在他们玩你设计的蜂鸣器游戏时，你可以观察，看看哪些部分太难。因为你自己创建了这个游戏，你可能会比其他人感觉容易，但是你必须抑制住想帮助他们的冲动！

除了观察他们的玩法，你还需要确保有足够的空间让玩家们穿越所有的障碍。如果障碍的空隙不够大，则应该把角色设置为更小的比例。只要确保角色不要小到很难看见就好。

进一步练习

你可以为玩家添加一个彩色的角色作为目标，当箭头碰到它时发出胜利的声音。你也可以设计不同的背景，让角色有不同的行进路径。你还能做些什么来改进这个游戏？

使用"如果……那么……否则"积木

还有一块积木你可以用来做决策:"如果……那么……否则"积木,比如"如果下雨,那就穿外套,否则就戴太阳镜"。

试一试

这里有一个简单的例子,你可以在任何角色上试用。单击"碰到……?"积木中的菜单来选择"鼠标指针"。"说……"积木(外观积木之一)能使用气泡框显示消息。它会一直停留在那里直到角色说出其他内容。如果你在这块积木的文本框中没有输入任何内容,则气泡框消失。所以这个程序能让角色在你用鼠标碰到它的时候说点什么,而当鼠标指针不再碰到它时停止说话。

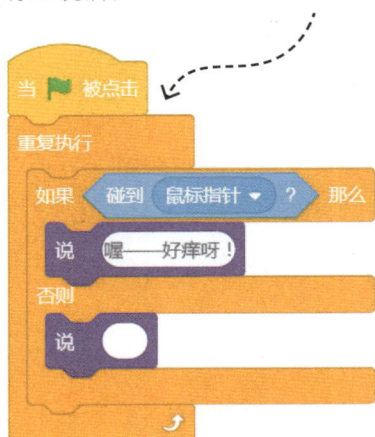

"如果……那么……否则"积木的各部分

- 一个六边形孔:这是你判断一件事情是否为真的地方,例如分数是否超过10,或者空格键是否被按下。
- 第1个框架:这个框架中用来放置在判断的事情是真时要使用到的代码。
- 第2个框架:这个框架中用来放置在判断的事情为假时要使用到的代码。

喔——好痒呀!

小贴士

在Scratch中,如果设定的正确答案为英文,那么你在输入答案时是否使用大写字母,并不会影响结果。

提问

一会儿你就会看到怎样创建一个智力竞赛游戏。在此之前，我们需要弄清楚如何让玩家输入一些东西。一块叫作"询问'你叫什么名字？'并等待"的侦测积木可以让你问玩家一个问题，并打开一个面板让玩家输入他们的答案。他们输入的内容都存储在"回答"积木中。你在"超级技能3"中已经看到过这些积木，但是现在你需要真正理解它们是如何工作的。

程序员经常会写一些简短的测试程序，看看某段代码如何（以及是否）工作。一旦你试用成功了，可以用鼠标右键单击这段代码并删除它。

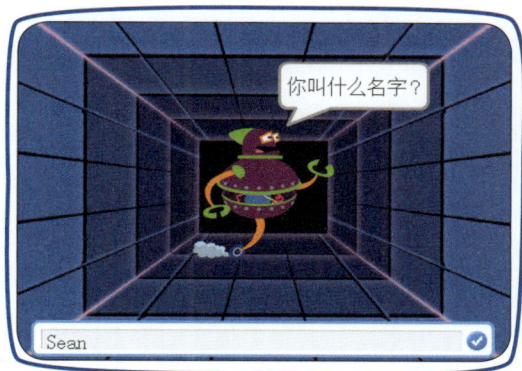

当 ▶ 被点击
询问 你叫什么名字？ 并等待
说 你好！ 2 秒
说 回答 2 秒

做一个智力问答游戏

在这个智力问答游戏中，你可以使用任何背景和角色来提问。首先，做一个简短的动画，用来在玩家回答正确的时候庆祝。你可以创建一个名为"胜利之舞"的积木来做这件事。在这个例子中，使用"声音"选项卡，把"Dance Celebrate"音效添加到角色中。

这个提问程序汇集了你在本章中学到的很多东西。它问了一个问题。它使用"……=……"积木来查看输入的答案是否等于正确答案"中国"（或和正确答案相同）。如果是的话，就播放胜利之舞。如果不是，就会显示正确的答案。

如果要问另外一个问题，可以用鼠标右键单击"询问……并等待"积木并从弹出菜单中选择"复制"。Scratch会复制"询问……并等待"积木下面所有的积木。简单地把它们加入到程序的底部并编辑新的问题和答案就可以了。你可以继续添加更多的问题。

定义 胜利之舞
将旋转方式设为 左右翻转 ▾
说 动起来！
播放声音 Dance Celebrate ▾
重复执行 10 次
  将y坐标增加 10
  等待 0.3 秒
  将y坐标增加 -10
  等待 0.3 秒
右转 ↻ 180 度

小贴士

有些答案可以用很多种形式来写（比如"伊丽莎白二世女王""伊丽莎白二世"或"女王"）。如果玩家知道正确答案但无法猜出正确的输入方式从而被判定为错误答案，一定会恼火。所以问一些答案又短又简单的问题。

当 ▶ 被点击
询问 哪个国家的人口最多？ 并等待
如果 回答 = 中国 那么
  胜利之舞
否则
  说 答错了！应该是中国！ 2 秒

使用变量

无论是姓名、分数还是智力问题，计算机中存储着各种各样的信息。在本章中，你将学习如何使用变量和列表来追踪游戏中的信息。

创建一个变量

如果想记住游戏中的某条信息，你可以使用变量来记住它。它就像一个存储信息的盒子，里面可以放一个数字或一段文字（比如一个名字）。它被称为变量是因为储存在它里面的信息是可以变化（或被改变）的。例如，在一个游戏中，"分数"这个变量中的数字可能增加或减少。

要在Scratch中创建一个变量，可以单击积木区中的"变量"按钮，然后单击积木区中的"建立一个变量"按钮。输入变量的名称，例如"分数"。

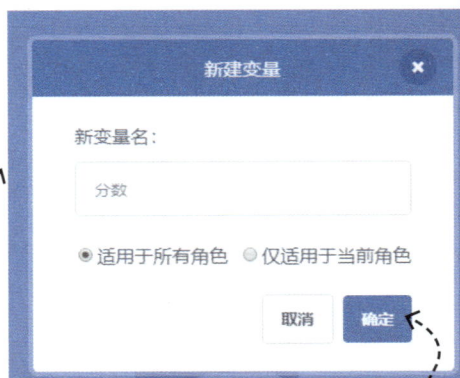

新建变量

新变量名:

分数

● 适用于所有角色　　○ 仅适用于当前角色

取消　　确定

单击"确定"按钮，你会看到一块新的积木出现在积木区中。

☑ 分数

无论何时你想对变量内的数字执行操作时都可以使用此积木，例如查看分数是否高到足以播放庆祝消息时。单击变量前面的勾选框可在舞台上显示对应的变量的监视器。

将 分数 ▼ 设为 0

使用这块积木把分数的值设置为某个特定的数字。在游戏开始时，使用它来重置分数。

将 分数 ▼ 增加 1

这块积木用正数来增加分数或者用负数来减少分数。

显示变量 分数 ▼

这块积木可以把某个变量显示在舞台上。

隐藏变量 分数 ▼

这块积木可以把舞台上的某个变量隐藏起来。

小贴士
使用的变量名要能帮助你记住变量中存储的内容。

创建气球爆破游戏

这个游戏向你展示了如何记分。有气球漂浮在屏幕上，击中它，它就会消失，同时分数加1。

创建一个新项目，删除猫的角色并添加气球的角色。制作一个名为"分数"的新变量，并把"Dance Celebrate"音乐添加到猫的角色中。你需要使用右边显示的两段程序。

主游戏程序在开始时把分数设置为0。然后启动一个重复10次的循环。气球会出现在屏幕底部的某个随机位置上，然后气球逐渐飘浮到屏幕顶部。最后，如果分数超过8，它就会发出象征胜利的声音。另一段程序用于增加分数，并在击中气球时把它隐藏起来。

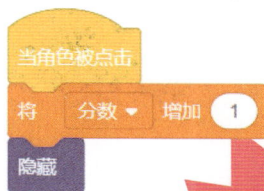

小贴士

要玩这个游戏，需要单击舞台上方的"全屏"按钮。否则，Scratch 可能会认为你正试图在舞台上重新定位角色。

对于主程序中的"如果……那么"积木，按以下顺序把积木拖进去："如果……那么"积木、"……>……"积木、"分数"积木。

进一步练习

你能改变数字，让玩家在每次击中时得10分，并且在得分超过50分时发出胜利的声音吗？

使用带有变量的文字

"回答"积木仅仅能记住最后输入的内容；如果你把之前的"回答"存到变量里去，那么接下来你就可以随时调用它。

在这个简单的例子中，角色记住了你的名字，即便你之后又输入了你的家乡信息。别忘了要设定好《家》和《名字》这2个变量来分别记录你的信息。在有多个变量时可以单击"将……设为……"积木中的变量名选择不同变量；绿色的"连接……和……"积木允许你将两段文字显示在同一个气泡框中。在"Hello"后面加一个空格来防止看花眼。

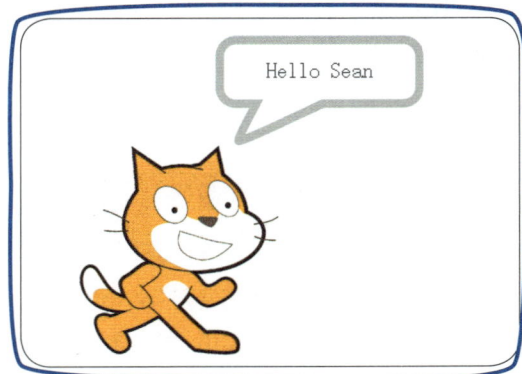

所有角色还是当前角色

当你新建变量时，你会被问到这个变量适用于所有角色还是仅适用于当前角色。通常设为适用于所有角色是没有问题的。

仅为了一个角色创建变量，也是个不错的方法。第一，这样可以不会让其他角色随意对其进行更改，也更便于调试。第二，这就是说你可以复制一个角色，它的变量仍将按你的预期工作。因为只要变量是仅为那个角色创建的，由它复制的其他角色就可以有同名的变量。举个例子，如果有一个角色使用一个名为"能量"的变量，然后你设置为仅适用于当前角色。那么当你在复制这个角色的时候，两个角色会有各自的能量变量，不会相互干扰。

> 如果你知道具体在程序的哪一点可以改变变量，那么调试的时候就知道如何下手啦。

试一下!

　　运行右边的程序看看结果。新建一个项目后加入太阳的角色，让"能量"变量只对太阳角色有效果，然后把这些代码加到太阳上。

　　当你单击"▶"的时候，你会看到角色的能量是100。当你单击太阳的时候，它的能量会减1。

　　右键单击角色列表中这个太阳的角色然后选择"复制"。这样你就有了两个一样的角色。现在单击"▶"，你会发现有两个"能量"变量显示在屏幕上，一个是给其中一个太阳的，另一个是给另外一个太阳的。当你单击其中一个的时候它的能量值在减少，而另外一个不会受到影响。

　　你可以复制很多个太阳。对于很多游戏来说，使用这个方法可以让你更快地建立很多敌人的角色：建好一个，其他的全部使用复制。这样，就不用一个一个地改代码了。

当 ▶ 被点击
将 能量 ▼ 设为 100
显示变量 能量 ▼

当角色被点击
将 能量 ▼ 增加 -1

小贴士
这个技能在你想复制多个一样的角色，同时希望它们各自的变量不会随意改变时，是理想的选择。

使用列表

在变量中只能存储一个数字或一段文本。你可以在程序中使用多个变量,但有一种更好的方法来存储一组类似的数据,称为列表。

要创建一个列表,可以单击积木区左侧的"变量"按钮,然后单击"建立一个列表"按钮。给它起个名字(让我们把第一个列表叫作"朋友"),单击"确定"。你将在积木区中看到一些新积木,可以使用这些新积木向列表中添加数据、从列表中删除数据、在列表中的特定点插入数据以及把某个数据替换为另一个。也有一些积木使你能够查看列表中的某个数据或检查某个数据是否在列表中。

这里有一个简单的程序,可以创建一个朋友列表,然后随机选择并谈论其中的一个。

程序首先清空列表(使用"删除'朋友'的全部项目"积木),否则每次你单击绿色旗帜时它都会变长。使用"将……加入'朋友'"积木向列表中添加好友。"'朋友'的第……项"积木里有一个孔,你可以用它来选择一个随机项。尝试在这个空白中键入不同的数字,并添加更多的名字来进行试验。

精简测验

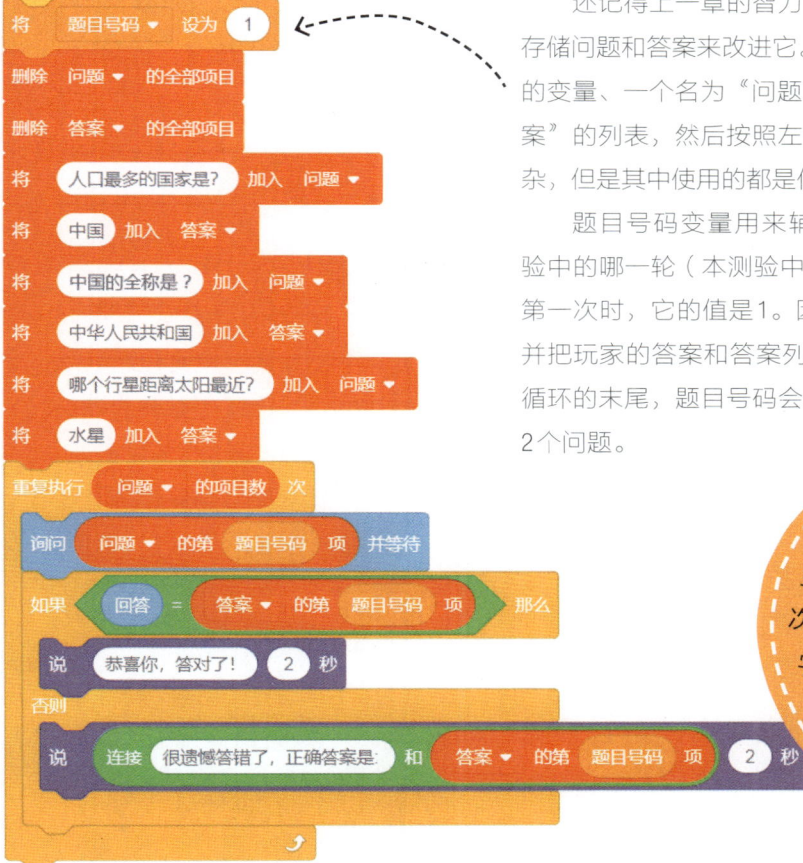

还记得上一章的智力问答游戏吗？让我们用列表存储问题和答案来改进它。创建一个名为"题目号码"的变量、一个名为"问题"的列表和另一个名为"答案"的列表，然后按照左图创建程序。它看起来很复杂，但是其中使用的都是你以前见过的积木和想法。

题目号码变量用来辅助我们记住我们正处于测验中的哪一轮（本测验中的问题1、问题2或问题3）。第一次时，它的值是1。因此程序会询问第1个问题，并把玩家的答案和答案列表中第1个答案相核对。在循环的末尾，题目号码会增加，所以下一次它会问第2个问题。

小贴士

主循环是一个"重复执行……次"积木，在通常填某个数字的地方使用了"'问题'的项目数"积木。

为什么这样最好？

在上一章中你看到了如何通过复制积木来制作这个智力问答游戏。与之相比，这个程序更容易理解和更新。所有的问题和答案都在一个地方，你可以通过修改主游戏循环来改变游戏的行为。

进一步练习

你能把胜利之舞放进去，并增加一个分数，当玩家答出正确答案时让它自动增加吗？也可以试着在这个游戏中添加更多的问题和答案（在"重复执行……次"积木之前）。

规划你的游戏

既然你已经掌握了编程的基础知识，是时候考虑一下游戏的主题，并开始测试一些你需要的代码了。

选择一个主题

在下一章中，你将制作一个平台游戏，你的角色必须在平台上跳来跳去以避开敌人。

在你开始创建游戏之前，想想这个游戏在什么场景下运行。无论是在太空、农场或街头，都会影响你使用的角色和背景图像。你可以制作一个结合外星人、牛和火车的奇幻游戏，但是如果你的游戏有一个主题并坚持下去，这样的游戏对玩家来说会更有意义。

在这个"树梢小憩"的例子中，猫想到树屋休息，但必须先找到去树屋的路。这意味着它需要在树枝上跳来跳去，躲避能吞噬它能量的昆虫。

开始时可以收集或画一些能够用于游戏的角色。你需要给玩家一个能移动的角色和一个需要避开的敌人。你也可以设计一个简单的背景。程序员在构建游戏时经常使用粗略的图像，这样便于他们整理编程思路。当他们开发游戏时，他们可能会对图像有更好的要求。

使用原型

程序员经常会创建"原型"，原型是一个程序的简单的早期版本，可以用来测试程序中的各部分是如何工作的。这些原型用于程序中最重要的部分，以及那些最难写的地方。如果它们不起作用，程序员会用更多的时间思考来找出解决问题的方法，或者考虑其他的替代办法。

小贴士

想让自己成为你游戏中的明星吗？为什么不上传一张你自己的照片呢？要这样做，可以单击角色的"造型"选项卡，单击左侧底部的"上传造型"图标。

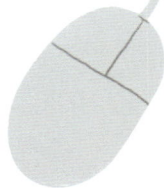

缺乏灵感？想想你喜欢的书和电影。它们被设置在什么场景？其中最激动人心的冒险是什么？

设计关卡

为了能够进行一些测试，你需要设计一个简单的关卡，你可以用它进行实验。我们要用角色是否碰到不同的颜色来判断角色是否可以站在上面（平台），是否可以爬（如绳子或梯子）或者是否是最终的目标（在这个游戏中是树屋）。在这个例子中，红色用于平台，黄色用于梯子，而目标是棕色的。

你最好为这个关卡创建一个新的角色并为它画一个新造型。你可以让角色大到足以填满舞台。这样，你就可以在角色造型中延长或缩短平台，而不会把背景弄得一团糟。将鼠标移到角色列表右下方的"选择一个角色"图标上，在弹出的菜单中单击"绘制"图标，现在可以开始画了。如果有必要，把你的角色拖曳到舞台上，这样你就可以看到它的全部了。稍后，你可以在它后面放置一个背景来让屏幕布局更有趣。

设计重力

　　如果玩家控制的角色从一个平台上掉下来，它应该一直坠落到另一个平台上。我们需要测试玩家在游戏中是处于站稳状态还是在空中飘浮，所以让我们创建一个积木来检查一下。

　　单击角色列表中的猫。在积木区中，单击"自制积木"，并创建一块新的积木，叫作"检查自己状态"。我们将使用一个名为"我在空中吗"的变量来记住角色是否飘在空中，因此你需要单击"变量"按钮来创建它。这个变量是针对这个角色还是所有角色是无所谓的。注意，单击"碰到颜色……？"积木里的颜色盒时，要通过单击舞台上平台的颜色来选择颜色。

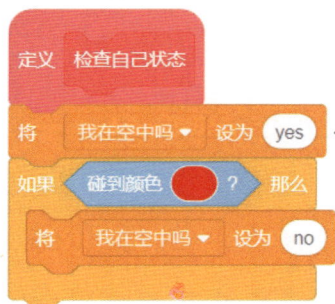

　　单击"▶"启动程序。现在把猫拖到舞台上方比较高的某个地方，它应该从空中一直坠落到一个红色的平台上。程序使用"检查自己状态"积木检查角色是在坚实的地面上还是飘在空中，使用"重复执行"积木来进行持续检查。如果存储在"我在空中吗"中的答案是"yes"，程序会把角色在舞台上方向下移动一点。

　　为了防止猫从梯子上掉下来，在"检查自己状态"代码中再添加一个对梯子颜色的测试。

現在把下面的代码添加到你的小猫角色上。

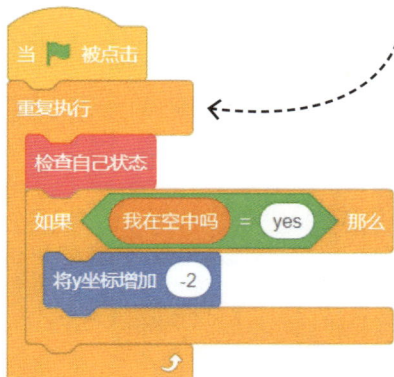

记得要确认在你的答案中的"yes"和"no"的前后不能有空格。如果有的话，你的代码将无法工作。

修复bug

如果你把猫在舞台上进行拖曳，你很快就会发现我们的逻辑里有一个缺陷。只要猫碰到了红色的平台，它就不会掉下来，即使它没有用脚碰到。例如，你可以把猫的头放在平台上，它就会悬在空中。而我们只是想让猫落在平台上时停下来。

为了解决这个问题，可以在你的平台底部添加另一种颜色。如果猫碰到这种颜色，那就意味着它不在平台的上面，所以它应该继续下落。在下面的例子中使用了橙色，因为它与红色形成了鲜明的对比，线条很粗，所以你可以在这个原型中清楚地看见它，但是当你设计真正的游戏时，它只需要是一条细线。

现在你可以修改你的"检查自己状态"积木的代码来侦测猫是否碰到橙色。我们把它放在侦测是否碰到红色以及黄色之间。这是因为后面的

小贴士

如果你想设计一个新的背景，先将鼠标光标移到"选择一个背景"图标上，在弹出的菜单中单击"绘制"图标。然后你可以开始画，像画一个造型。这个例子中用黑色填充了舞台。

指令会覆盖之前的指令，所以我们把最重要的指令放在最后。梯子总是能用来安全站立的，所以我们最后侦测它。碰到橙色意味着"飘在空中"，除非猫站在梯子上。最后，只要猫没有碰到橙色，碰到红色就是安全的。

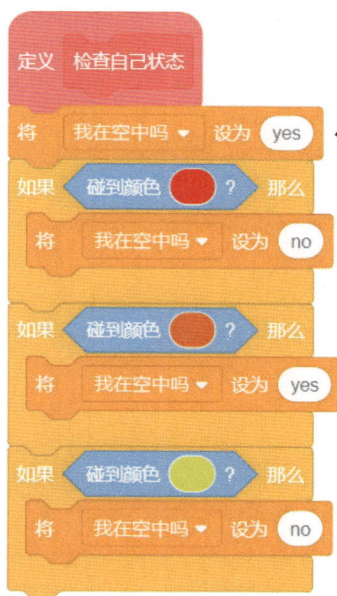

进一步练习

你能中断你的程序吗？试着在程序中做错误的事情，看看你的程序是否能应付！这是发现错误的好方法。

设计移动平台

游戏中经常会有一个不停移动的平台，玩家想跳上它需要掌握好时机。为此，我们将使用两个角色。我们还需要一种方法让猫站在上面时随平台一起移动。

一个角色不能移动另一个角色，但它可以告诉那个角色自己移动。这种做法可以通过《广播消息》积木实现。任何角色都可以响应消息，但在这个例子中，我们只需要猫来响应。

首先来制作一个平台的角色：和你的其他平台角色一样，它应该是红色的，底部有一条橙色的线。给它创建下面的代码，让它反复地左右移动。

如果这个平台角色触碰到小猫角色（角色1）时，它会广播一条消息，告诉猫该向哪个方向移动。《广播……》积木是事件积木，你可以单击其中的下拉菜单来创建新消息，我们把这2条消息分别称为"平台左移"和"平台右移"。

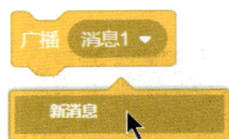

现在，为了让猫响应，你需要给猫添加两段代码，让它在收到这些消息中的一条时移动。单击积木中的下拉菜单来选择一条消息。

单击"▶"来启动程序。把猫拖到舞台上，让它位于移动平台上方，接下来它应该会落到平台上面，然后随平台左右移动。

小贴士
要注意程序中所有包含在其他积木中的积木。如果把积木放到了错误的黄色框架里，它将不能正常工作。

制作最终的游戏吧！

现在你已经做好了准备，是时候设计真正的游戏了。为了实现更有趣的游戏布局，在足够多的平台之间跳跃，示例游戏中设计了4层平台，猫也被缩小了。

首先为关卡的角色创建一个新的造型，再画出横跨整个舞台宽度的线条，然后用橡皮擦做出间隙，画出梯子。确保你的梯子要延伸到平台的高度之上，否则猫就不能爬下来。

把你的树屋或其他终点目标放在屏幕顶部附近，并设计一条富有挑战性的路径，让猫爬上爬下、跳来跳去来抵达目标。

你也可以添加一个背景，无论是从背景库里找还是自己画。这里所显示的背景用一些绿色的斑点来表示树梢。注意不要在背景里使用任何在你的游戏中用到的颜色（红色、橙色、黄色和棕色）。

创建你的平台游戏

现在你已经准备好自己创建游戏了！你需要在原型游戏中添加敌人和玩家控制，届时你将用到在本书的前面章节中学到的技能。

到目前为止的游戏

根据在超级技能7中所做的各种原型工作，你应该为角色定义了"检查自己状态"积木、浮动的平台（以及使猫跟随其移动的代码）和关卡设计。你应该删除现有的绿旗下的代码。

设置玩家角色

当玩家单击"▶"开始游戏时，我们需要做的第一件事是设置玩家的角色猫。这意味着设置它的大小、位置、旋转方式和方向。"移到最'前面'"积木可以用来确保猫总是出现在平台和敌人前面，而不是消失在它们后面。

我们将使用"能量"变量来跟踪猫的能量值。当猫接触到敌人角色时，能量值会下降，当能量值达到0时游戏结束。

我们可以通过对玩家进行游戏的时间计时来让游戏更加有趣——这样他们会试着更快地通关游戏。在游戏开始时，我们将重置Scratch

的内置计时器（一块侦测积木）。最后，我们会检查一共花了多长时间。

把这段代码添加到猫的角色中。你可能需要调整角色的大小和开始位置，这取决于你的游戏设计。

当 ▶ 被点击
移到最 前面 ▾
将大小设为 30
移到 x: -200 y: -140
面向 90 方向
将旋转方式设为 左右翻转 ▾
将 能量 ▾ 设为 100
显示变量 能量 ▾
计时器归零

小贴士
记得要首先在积木区的变量中创建好能量变量。

添加玩家角色控制

　　游戏的主循环会不停重复，直到玩家达到目标。它包括控制玩家角色和查看能量是否用完了。把下面的代码添加到猫的角色代码中的"计时器归零"积木下面。

重复执行直到 〈 碰到颜色 ● ？ 〉 ── 在这里使用你的终点目标的颜色。在这个例子中是棕色的树屋。

检查自己状态

如果 〈 我在空中吗 = no 与 按下 ← 键？ 〉那么 ── 猫的角色在平台或梯子上时，如果玩家按键盘左键，猫的角色向左移动。你肯定不希望角色在空中飘浮时也能受控制。
将x坐标增加 -10
面向 -90 方向
下一个造型

如果 〈 我在空中吗 = no 与 按下 → 键？ 〉那么 ── 向右移动。
将x坐标增加 10
面向 90 方向
下一个造型

如果 〈 我在空中吗 = no 与 按下 空格 键？ 〉那么 ── 使用"自制积木"来创建这个积木。我们稍后再定义
跳

如果 〈 碰到颜色 ● ？ 与 按下 ↑ 键？ 〉那么 ── 向上爬梯子！
将y坐标增加 2
下一个造型

如果 〈 碰到颜色 ● ？ 与 按下 ↓ 键？ 〉那么 ── 向下爬梯子！
将y坐标增加 -2
下一个造型

如果 〈 我在空中吗 = yes 〉那么 ── 重力。如果角色正飘在空中，它会下降两步大小。
将y坐标增加 -2

如果 〈 能量 < 1 〉那么 ── 如果玩家的能量下降到0或更低，这部分代码会结束游戏。猫会趴在地上。你可以在这里添加自己的动画！
隐藏变量 能量
将旋转方式设为 任意旋转
面向 0 方向
说 游戏结束！ 2 秒
停止 全部脚本

小贴士
记住要按积木的颜色在积木区中找到对应的积木。

添加游戏通关后要做的事情

　　把这些积木添加到你目前代码的末尾。它们祝贺玩家通关游戏并告诉他们最终所用的时间。我们使用一个名为"计时"的变量来存储玩家的通关时间，否则通关时间中将包含祝贺他们时使用的4秒！

```
将 计时 ▾ 设为 计时器
说 你成功了！ 2 秒
说 你花费了： 2 秒
说 计时 2 秒
停止 全部脚本 ▾
```

添加跳跃控制

　　在游戏的主循环中，我们使用自制积木创建了一块名为"跳"的新积木，但是还没有定义它。现在就让我们来定义它。

　　跳跃控制有点复杂，因为我们希望玩家在按"空格"键时能够向左或向右跳，或垂直跳向空中。这意味着在角色跳跃时我们可能要在改变角色的 y 坐标的同时也改变 x 坐标。在跳跃开始时，我们检查键盘左键或右键是否被按下。我们使用变量"跳的方向"来记住在每次改变 y 坐标时，我们应该如何改变 x 坐标。

　　当在跳跃中下落时，我们要确保角色在降落到平台上时不会继续下降。

```
定义 跳
将 跳的方向 ▾ 设为 0
如果 按下 → ▾ 键？ 那么
    将 跳的方向 ▾ 设为 2
如果 按下 ← ▾ 键？ 那么
    将 跳的方向 ▾ 设为 -2
重复执行 15 次
    将y坐标增加 2
    将x坐标增加 跳的方向
重复执行 15 次
    检查自己状态
    如果 我在空中吗 = yes 那么
        将y坐标增加 -2
        将x坐标增加 跳的方向
```

完成移动平台

　　你已经有了移动平台的原型代码（见"超级技能7"）。唯一需要添加的是起始位置，还有在必要时进行尺寸调整。在"重复执行"积木之前插入设置尺寸和位置的积木。记住你自己游戏中的起始位置和大小取决于你的游戏布局。

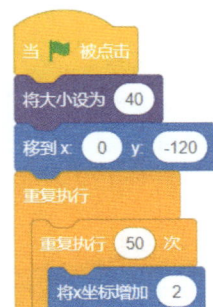

```
当 🏴 被点击
将大小设为 40
移到 x: 0 y: -120
重复执行
    重复执行 50 次
        将x坐标增加 2
```

测试游戏

单击"▶"按钮。现在你已经完成了对角色的控制代码，你应该能够使用键盘（"↑""↓""←""→"键，以及"空格"键用来跳跃）控制角色在你的平台（包括移动平台）上四处移动。

在敌人到达之前，你有时间来完善你的屏幕布局。你可以把角色拖曳到舞台上的任意一个平台上。测试每种跳跃，以确保它工作正常。理想情况下，游戏不应该很容易就能通关，但也不应该难到让玩家泄气。有一个好主意是先把跳跃设置得容易点，然后逐渐变难，这样挑战性就会增加。也要想想看如果玩家没成功跳到某个平台会掉到哪里。如果玩家错过了最后一跳会直接掉到屏幕最底部，他们可能会非常沮丧。

小贴士
你可以通过编辑关卡中角色的造型来延长或缩短平台，以使难度变得恰到好处。

将角色拖曳到终点目标来检查游戏是否能识别出你已经通关并正确显示计时器。

小贴士
如果想在舞台上隐藏变量，可以在积木区相应变量旁边的方框中取消勾选。

添加敌人

现在你可以在游戏中添加一些能消耗玩家能量的敌人，玩家要避免触碰到它们。要做到这一点，我们将使用一种叫作"克隆"的技术。它能使角色在游戏运行时自我复制。因此，你可以只创建一个敌人的角色，但在游戏中，它可以克隆自己以产生多个敌人。

我们所有的敌人都有不同的初始位置，每个都在某个平台上。我们将使用2个列表来存储初始位置的x和y坐标。例如，如果你的第1个角色从x:0和y:100开始，那么记录x初始位置的"起点x坐标"列表中的第1个项目就是0，"起点y坐标"列表中的第1个项目是100。这里的代码在我们的示例游戏中设置了6个角色。在这个例子中我们用角色库中的"Ladybug2"。在使用列表和变量之前你需要先创建它们。

记住，你自己的游戏中可能有比这个例子更多或更少的敌人，它们可能需要出现在不同的位置。你需要使用不断试错的方法来设置它们的正确起始位置。

在添加下一段代码之前，你不会看到角色出现或移动。

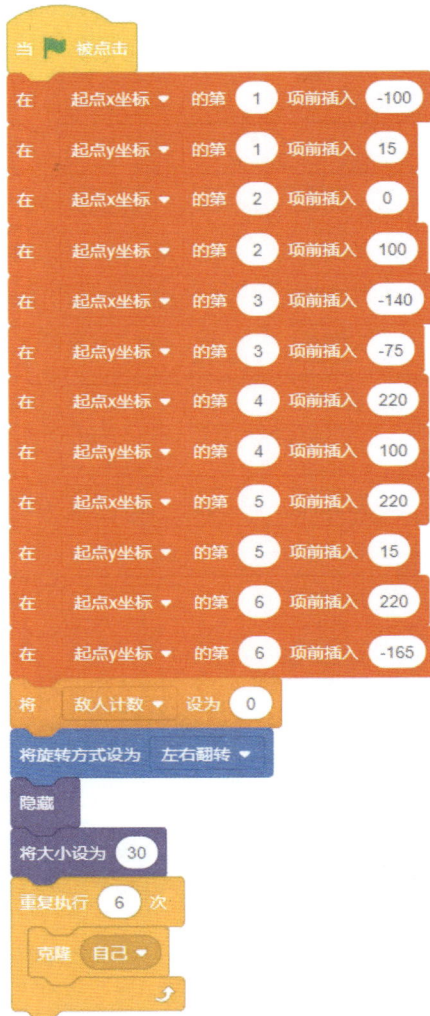

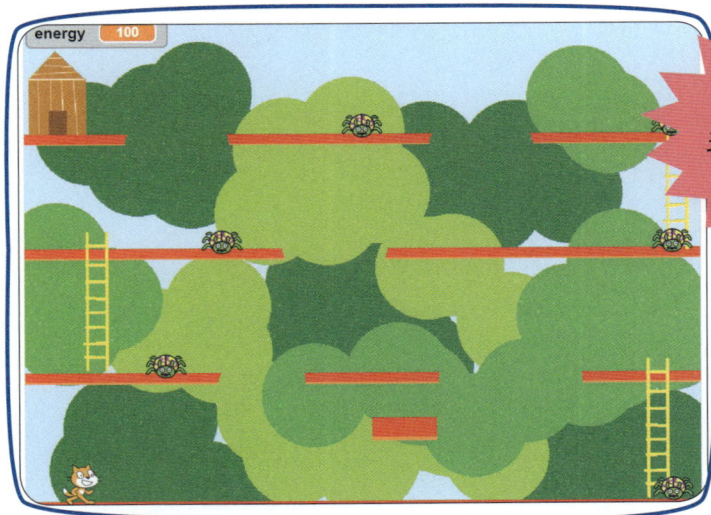

```
当 ▶ 被点击
在 起点x坐标 的第 1 项前插入 -100
在 起点y坐标 的第 1 项前插入 15
在 起点x坐标 的第 2 项前插入 0
在 起点y坐标 的第 2 项前插入 100
在 起点x坐标 的第 3 项前插入 -140
在 起点y坐标 的第 3 项前插入 -75
在 起点x坐标 的第 4 项前插入 220
在 起点y坐标 的第 4 项前插入 100
在 起点x坐标 的第 5 项前插入 220
在 起点y坐标 的第 5 项前插入 15
在 起点x坐标 的第 6 项前插入 220
在 起点y坐标 的第 6 项前插入 -165
将 敌人计数 设为 0
将旋转方式设为 左右翻转
隐藏
将大小设为 30
重复执行 6 次
  克隆 自己
```

确保你的敌人足够小，以便玩家能顺利跳过。

让敌人活动起来

当创建一个克隆体时，我们运行另一段代码。这段代码使用《敌人计数器》变量来计算当前的敌人编号，并使用列表去找到正确的起始位置。在敌人角色代码的循环中，如果它仍然触碰到红色，它就会移动。如果没有，它就会改变方向并返回平台。当它碰到玩家的角色时，《能量》变量减1。

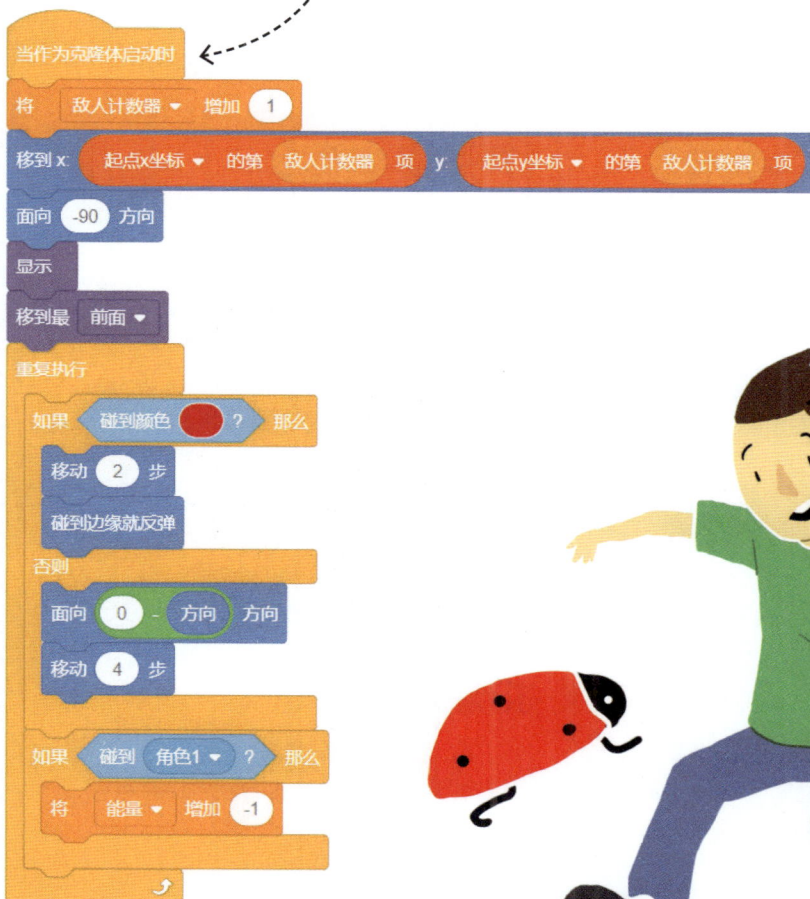

收尾工作

你的游戏现在已经制作完成了，但你可以不断改进它。如果它太容易了，可以让敌人在触碰到你的角色时造成更多的能量损失。如果太难了，可以试着重新设置敌人的位置。尝试不同的屏幕布局，也可以添加声音效果。

```
当作为克隆体启动时
将 敌人计数器 ▾ 增加 1
移到x: 起点x坐标 ▾ 的第 敌人计数器 项 y: 起点y坐标 ▾ 的第 敌人计数器 项
面向 -90 方向
显示
移到最 前面 ▾
重复执行
    如果 碰到颜色 ● ? 那么
        移动 2 步
        碰到边缘就反弹
    否则
        面向 0 - 方向 方向
        移动 4 步
    如果 碰到 角色1 ▾ ? 那么
        将 能量 ▾ 增加 -1
```

建立你的网站

　　现在你已经是一名游戏设计师了，是时候建立一个网站，与你的朋友、家人以及其他人分享你的作品了。在这一章中，你将学习如何使用网络语言HTML来建立你的第一个网站。

HTML 介绍

　　你见过的每个网站都是用同一种语言建立的，你即将开始学习它。它被称为HTML（这是"超文本标记语言"的缩写），用于告诉计算机网页上的信息是如何组织的，例如在哪里可以找到图片，文本里哪些部分是标题，超链接应该链接到哪里。

　　HTML是基于被称为标签的短文本代码。它使用尖括号，也就是"小于号"和"大于号"。下面是HTML代码的片段：

```
<h1>This is my first website!</h1>
<p>It's going to be brilliant!</p>
```

　　你现在可以试试。打开任何一个可以创建文本文件的程序，例如Windows计算机上的"记事本"或苹果计算机上的TextEdit。输入上面这两行代码，把文件名保存为"index .html"，在你的计算机上找到这个文件，双击该文件并用网络浏览器（如谷歌Chrome、Internet Explorer或Safari）打开它。你应该能看到你的网页，第一行用大的粗体文本显示，下一行用较小文本显示。

確保把文件保存为纯文本。像Word这样的软件中包含很多隐藏代码，它们的作用是解释文档的显示样式，但是它们在网络浏览器中不起作用。

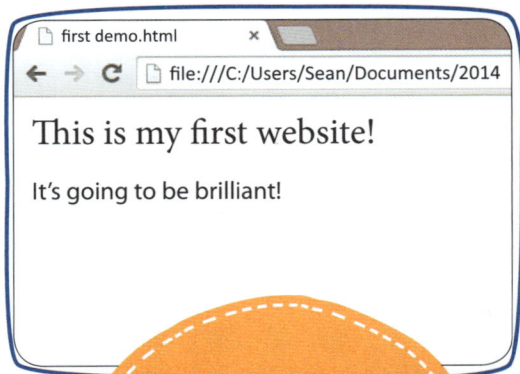

first demo.html

file:///C:/Users/Sean/Documents/2014

This is my first website!

It's going to be brilliant!

小贴士

你也可以试验其他标题：从\<h1\>到\<h6\>，\<h1\>定义重要等级最高的标题，\<h6\>定义重要等级最低的标题。不过，最好不要低于\<h3\>！

排除故障

　　如果HTML代码在网页浏览器中打开时看起来不正确，那么问题可能是这些代码被保存为富文本而不是纯文本。在苹果计算机上使用TextEdit时，有时会出现这个问题。单击TextEdit中的"格式"菜单，然后单击"制作纯文本"。确保在保存文件时，文件名的末尾是".html"。当有提示时，单击按钮确认要使用".html"。这样应该就行了！

HTML 如何工作

浏览器使用代码中的标签来理解文本的结构。<h1>标签被用来标记一个标题（或题目）的开始，而</h1>标签标记出它的结尾。一旦浏览器知道哪部分是标题，就会把它显示得更大。<p>标签标记一个段落的开始，而</p>标签标记它的结尾。尝试在你的页面中添加更多的段落。

HTML 中有很多标签都是这样工作的，在文本前后的"打开标签"和"关闭标签"，它的功能很像引号。例如，你可以使用<em>来强调内容（通常用斜体字）：

<p>I <em>really</em> love Minecraft!</p>

或用<strong>来标记特别重要的内容，通常以粗体字显示：

<p><strong>Please tell me if you find any broken

links!</strong></p>

HTML 标签告诉浏览器文本中哪些是标题，哪些是重要的，哪些应该强调，但它们不会告诉浏览器它们应该是什么样子。你也可以让文本被标记为<strong>时在浏览器中用红色显示，或者让被强调的文本以另外一种字体显示而不是斜体。

添加列表

可以使用HTML在网页中添加列表，每个列表项前都有列表符或数字编号。这使得网页易于阅读，是一种非常好的组织信息（例如链接）的方式。

如何编写列表

要用HTML创建列表，你需要在整个列表的开始和结束的地方用标签标识出来，然后还要在每个列表项前后使用标签。下面是如何制作一个带列表符的列表：

```
<p>These are some of my favourite websites:
<ul>
<li>Scratch</li>
<li>NASA Kids' Club</li>
<li>Minecraft Wiki</li>
</ul>
```

正如你所看到的，我们可以在标签里面再放一些标签。所有列表项都在 <ul> 和 </ul> 标签之间，这两个标签分别标志着列表的开始和结束。

把这段代码添加到你的网页中，然后单击浏览器的刷新按钮重新加载它，你将看到一个带列表符的列表。如果你想要一个数字编号列表，请使用 <ol> 和 </ol> 标签代替 <ul> 和 </ul> 标签。

These are some of my favourite websites:

- Scratch
- NASA Kids' Club
- Minecraft Wiki

小贴士

<ol> 是有序列表的缩写，<ul> 是无序列表的缩写。

例如，如果你想创建一张鸟类体重排行榜，你可以这样做：

```
<p>These are the five heaviest living birds:
<ol>
<li>Common ostrich</li>
<li>Somali ostrich</li>
<li>Southern cassowary</li>
<li>Northern cassowary</li>
<li>Emu</li>
</ol>
```

当你打开网页时，你会看到列表是从上到下自动编号的。如果插入其他内容，数字会发生什么变化？试试看！

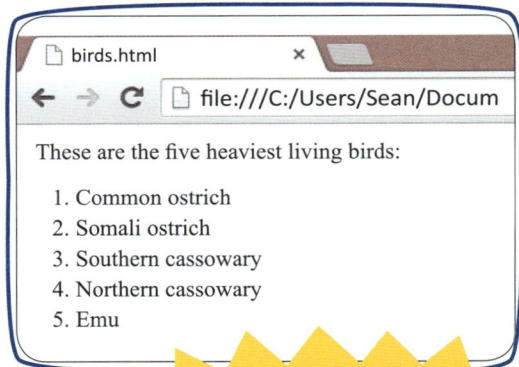

birds.html

file:///C:/Users/Sean/Docum

These are the five heaviest living birds:

1. Common ostrich
2. Somali ostrich
3. Southern cassowary
4. Northern cassowary
5. Emu

注意安全！

记住上网时要注意安全。不要在你的网页上分享任何个人信息，比如你的全名、你住的地方或者你上学的地方。

添加链接

如果我们能把那些网站的名字变成指向这些网站的链接，那岂不是很棒吗？下面就是我们做到这一点的方法，即使用所谓的"锚"标签：

<a href="http://scratch.mit.edu">Scratch</a>

这个标签有点复杂，因为尖括号内有一些额外的信息。第一部分告诉浏览器这是链接的开始，第二部分是它应该链接到的网站地址，在引号里：

<a href="http://scratch.mit.edu">

你可能还记得，在浏览器地址栏输入"http://scratch.mit.edu"就可以访问Scratch网站。</a>部分告诉浏览器这是链接的结束，因此浏览器"知道"应该把位于开启和关闭锚标记之间的文本"Scratch"转换为链接文本。试试看！

如果你自己制作另一个网页（例如，一个叫作hobbies.html的网页）并希望为它添加链接，只需要链接到它的文件名，如下所示：

<a href="hobbies.html">See my hobbies</a>

确保你要链接到的文件和你放置链接的那个网页都在计算机里的同一个目录下。

进一步练习

你可以查看互联网上任何网页的HTML代码。在许多浏览器中，你可以在网页上单击鼠标右键，然后选择"查看网页源代码"。多做点这种"闲事"，看看你能学到什么！

小贴士

你可以链接到互联网上的任何网页。只需要从浏览器顶部的网址栏中复制网页地址即可。你能添加一些你自己喜欢的链接吗？

添加图片

- -

如果没有图片，网络世界将是一个相当乏味的地方。幸运的是，使用HTML把图片添加到你的网站并不太难！

- -

如果你手边有一张图片，把它放在和HTML文件相同的目录中，然后像下面这样使用<img>标签链接到它：

```
<img src="my_cat.jpg" width="500"
height="350"
alt="Picture of my cat!">
```

在 <img>标签中有很多附加的信息部分（或"属性"）。"src"（在这里是my_cat.jpg）是你要放入网页中的图片的文件名。宽度和高度是以像素为单位的。你的代码中并非一定要包含这些内容，但是如果包含这些内容，则网页最终将显示得更快，但你可能觉察不到显示效果有任何差异。

"alt"属性提供了对图像的描述，浏览器可以用它来理解图片的内容。这很重要：盲人虽然看不见你网站上的图片，但他们可以使用软件朗读你的文字和图像描述。如果你能对图片提供一个良好的描述，就不会有人错过。

<img>标签不需要关闭标签。

如果你想在你的网站上使用别人的图片，需要先问问他们是否可以使用。

添加你的 Scratch 游戏

你可以在网站中加入你的 Scratch 游戏。在 Scratch 网站上进入你的项目，然后单击屏幕顶部的"分享"按钮。在项目页面上，单击"复制链接"以获得一些可以复制和粘贴到你网页中的代码。如果找不到项目页面，可以单击屏幕右上角的你的名字，再单击"我的东西"，然后单击你的项目。你可以在一个网页上加入几个 Scratch 项目。

小贴士

在网页上不需要很大的图像，所以你要调整图像的大小。通常情况下，500 像素宽的图片就足够大了。你可以使用图形程序来调整它们的大小，或者检查它们的宽度和高度。

小贴士

你也可以在你的网页上嵌入很多 YouTube 或其他网站上的视频。YouTube 上的视频在单击"分享"后单击"嵌入"就可以获取代码了。

完成模板

你已经学会了怎样为你的网页制作内容，但是你还需要其他一些标签，以便当你的网站被发布到网络上时能正常工作。这里有一个完整的网页模板，你可以使用：

```
<!DOCTYPE html>
<html>
<head>
<title>My web page!</title>
</head>
<body>
Put the HTML for your text and images here!
</body>
</html>
```

其中的 <head> 部分是关于网页的信息，它本身并不会出现在网页中。<title> 标签标记了在搜索引擎中以及在网页顶部的标题栏中使用的标题。<body> 部分是你放置文字和图片的地方。

My web page!   ✕

← → C   file:///C:/Users

在超级技能 10 中，你将学习如何改变网站的外观，以及在网络上发布它的步骤。

设计你的网站

了解如何使用CSS（网页设计语言）给网站添加颜色、不同的文本样式和边框。

添加一些样式

如果想改变网页的外观，你需要使用一种叫作CSS（"层叠样式表"的缩写）的语言。你的CSS代码被放在一个单独的文件中，叫作"样式表"，所以你需要在HTML文件中放一行代码告诉浏览器它叫什么。在你的HTML文件中，在<head>标签之间添加一个<link>命令，如下所示：

```
<head>
<title>Sean's web page!</title>
<link rel="stylesheet" href="style.css" type="text/css">
</head>
```

现在，创建一个新的名为style.css的文本文件，并把它保存在和HTML文件相同的文件夹中。

在CSS中，你应该用美式英语的拼写方式来拼写"颜色"这个词（color），中间没有"u"。

进一步练习

你能想出如何给黑色编代码吗？提示：它里面没有颜色！你还能混合出其他什么颜色？实验一下！

更改颜色

你可以在新的style.css文件中添加CSS指令。每段CSS代码分为3部分：你必须说明要更改网页的哪个部分、哪个方面（如字体或颜色）以及要更改成什么样子。CSS中使用花括号。把下面代码添加到你的CSS文件中并重新加载网页：

```
h1
{
color: black;
background-color: yellow;
}
```

保存你的CSS文件，并在浏览器中重新加载网页。你应该看到<h1>标题现在是黄色背景上的黑色文本。

想要一个更暗一些的网页吗？你可以把整个页面的背景更改为黑色，把默认文本颜色改为白色，像下面这样设计<body>标签中内容的样式：

```
body
{
color: white;
background-color: black;
}
```

小贴士

想想"HTML"和"CSS"单词中的字母形状的区别（直的或弯曲的），这个区别可以提醒你哪种语言使用尖括号，哪种语言使用大括号。

选择更多颜色

你可以用不同的颜色名称进行实验，但浏览器可能无法识别它们。虽然它"知道"红色、绿色、蓝色、黑色和白色，还有一些不太常见的颜色（如橄榄色、茶色和紫红色），但是，给它一个代表颜色的数字而不是一个名字是一种更精确的描述方式。

颜色使用一种称为"十六进制"的数字系统。我们常用的计数系统有 10 个符号（0 到 9）。十六进制有 16 个符号。当数字用完时，它使用字母 A 到 F。下面是十六进制中的从 0 数到 30：

0, 1, 2, 3, 4, 5, 6, 7, 8, 9, A, B, C, D, E, F, 10, 11, 12, 13, 14, 15, 16, 17, 18, 19, 1A, 1B, 1C, 1D, 1E.

在我们正常的计数系统中，"14"表示 1 个"10"加 4 个"1"。在十六进制中，"14"表示 1 个"16"加 4 个"1"（即"20"）。最大的两位十六进制数是 FF，它是 15 个"16"，加上 15 个"1"，总计是"255"。

要表示一种颜色，你需要选择 3 个数字分别代表这个颜色中红色、绿色和蓝色的数量，有点像混合油漆。你把这 3 个数字连同前面的一个"#"放在一起，像这样：

红色	绿色	蓝色	颜色数字	颜色
FF	00	00	#FF0000	大红色
FF	FF	00	#FFFF00	黄色
00	80	00	#008000	深绿色
80	00	00	#800000	褐红色
FF	FF	FF	#FFFFFF	白色

小贴士
如果你改变网站的颜色或风格的尝试失败了，请检查冒号和分号是否正确！

添加边框

你可以为网页的部分区域设置一个边框，在标题或图像上使用边框看上去效果尤其好。你可以改变边框的厚度（或宽度）、颜色和样式。这里有一些CSS的例子你可以尝试：

```
h1
{
border-width: 4px;
border-color: #C0C0C0;
border-style: double;
color: black;
background-color: yellow;
}
```

文本颜色和背景颜色指令也在一起，这样你就可以看到它们是如何组合在一起的。

边框颜色是银色的，并使用了我们刚学到的十六进制颜色。边框宽度是以像素（屏幕上最小的点）来测量的。你可以尝试更大的数字来看看会是什么样。有8种边框样式可供选择：实线、点、虚线、双实线、凹陷、垄状、嵌入和突出。都试一下！

更改字体

你可以更改用于显示网页的字体。由于不能确定访问者的计算机上有哪些字体，所以网页设计者通常会指定一些他们喜欢的字体列表。浏览器将使用它在列表中找到的第1个字体。

网页设计师还可以指定sans-serif或serif文本样式。sans-serif的字母更平滑，而且在字母的最后没有上勾。

值得尝试一下的字体有Arial、Verdana、Times New Roman和Georgia，这是在使用Windows操作系统的计算机和苹果电脑上都有的字体。两种计算机上也有很多其他的字体。在使用Windows的计算机上，有Calibri、Courier New、Impact、Tahoma、Segoe UI和Garamond。苹果电脑上也有Geneva、Helvetica、Lucida Grande、Monaco、Courier和Baskerville等。

下面是设置 <p> 标签的样式来更改段落字体的方法：

```
p
{
font-family: Geneva, Calibri, sans-serif;
font-size: 1.5em;
}
```

文本大小是相对于它原来的尺寸测量的，所以1.5意味着它会变成原来大小的1.5倍。你可以在这里尝试更大或更小的数字。

更改文本样式

还有一些其他的技巧可以用来改变你的文本样式。如果想使文本变成斜体，你可以使用：

```
font-style: italic;
```

想让文本变成粗体，可以使用：

```
font-weight: bold;
```

所以，如果希望h2标题变成粗斜体，你可以使用：

```
h2
{
font-style: italic;
font-weight: bold;
}
```

不过那太难看了！如果不希望文本格式的 <strong> 是粗体，而希望它是红色的，你可以使用：

```
strong
{
font-weight: normal;
color: #FF0000;
}
```

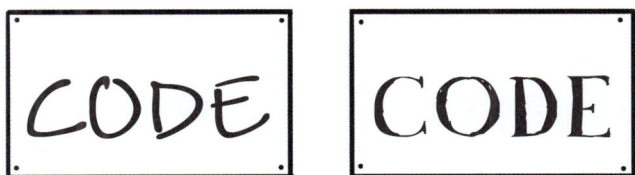

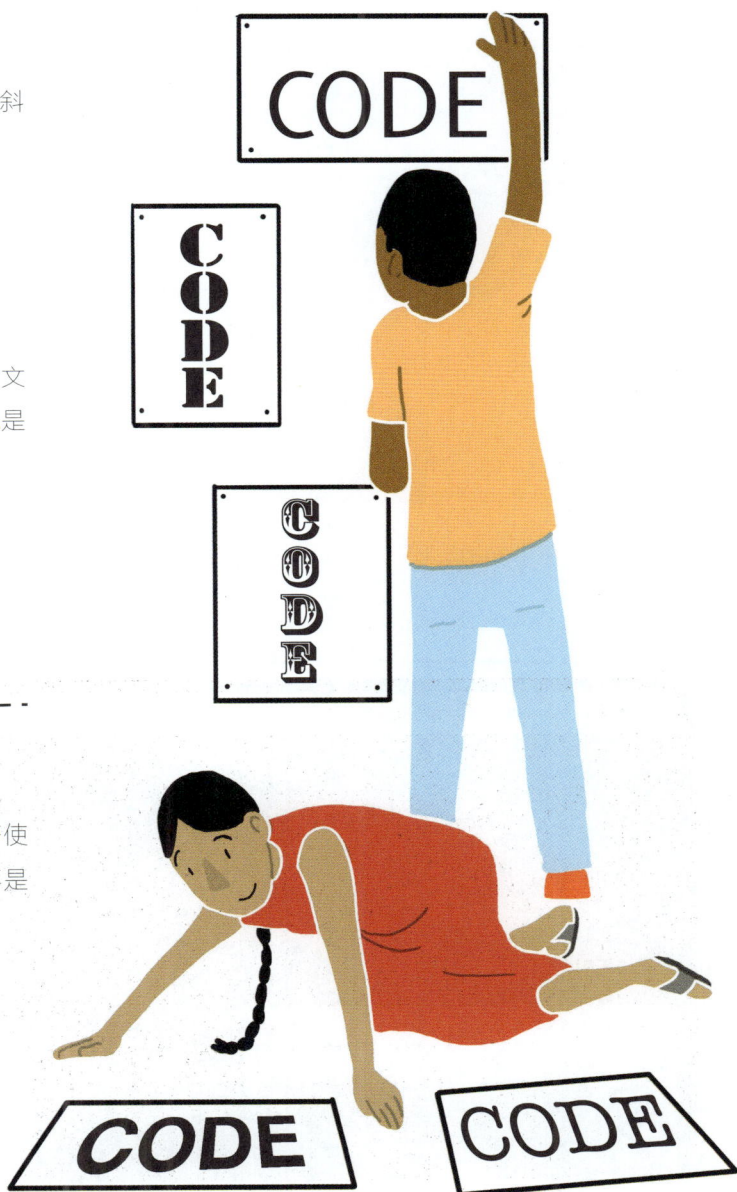

更改列表样式

你甚至可以把列表中的列表符使用的符号更改为圆圈或方块，而不是通常的实心圆：

```
ul
{
list-style-type: circle;
}
```

完成你的CSS

这是示例网站的CSS文件，使用到了从第56页到第59页中的所有样式。你可以看到这些链接的颜色和字体已经有了变化（通过设置<a>标签），还在环绕着Scratch游戏的<iframe>标签周围设置了边界。如果你的样式不能正确工作，检查一下是否在正确的地方使用了正确的括号、冒号和分号。

```
body
{
color: white;
background-color: black;
}
h1
{
border-width: 4px;
border-color: #C0C0C0;
border-style: double;
color: black;
background-color: yellow;
font-family: Verdana, sans-serif;
}
p
{
color: #CCFF66; between your sites easily.
font-family: Geneva, Calibri, sans-serif;
font-size:1.5em;
}
a
{
color: #FF6600;
font-family: Tahoma, sans-serif;
}
ul
{
list-style-type: circle;
}
strong
{
font-weight: normal;
color: #FF0000;
}
iframe
{
border-width: 8px;
border-color: #C0C0C0;
border-style: outset;
}
```

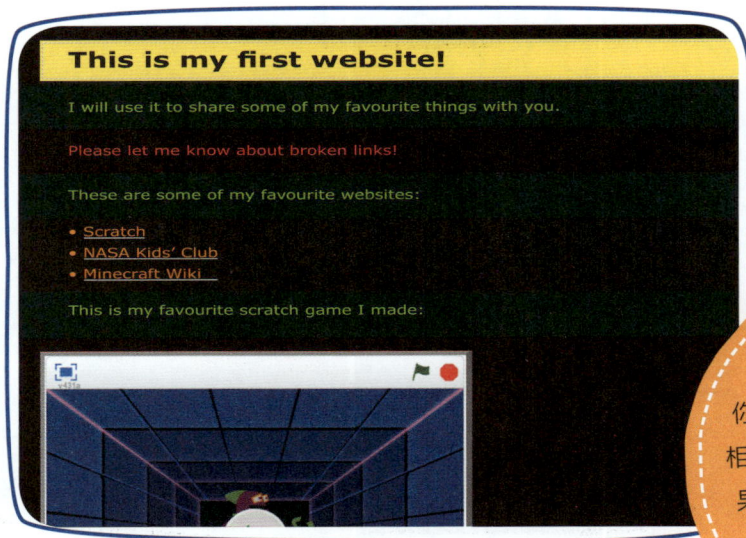

This is my first website!

I will use it to share some of my favourite things with you.

Please let me know about broken links!

These are some of my favourite websites:

- Scratch
- NASA Kids' Club
- Minecraft Wiki

This is my favourite scratch game I made:

小贴士

你可以对你所有的网页使用相同的CSS文件，因此，如果以后要更改所有网页上的颜色，你只需要更改一个CSS文件就行了。

发布你的网站

你的网站目前只存储在你的计算机上，所以没有人能在网上看到它。你可以用U盘拷贝一个副本出来分享给你的朋友，让他们尝试一下。

当你准备在互联网上发布网站并让每个人都能看到时，你需要找一个公司来托管你的网站。也就是说，在托管公司的计算机上保存一份你的网站副本，每当有人想浏览网页时，托管公司就会通过互联网发送需要的文件给他们。

你通常要使用〝文件传输协议〞把你的文件复制到托管公司的计算机上，你可以使用专用的文件传输程序来简化这一过程。网站托管公司会给你一个用户名和密码以及一个网站地址，你可以把网址发给朋友，这样他们就可以看到你的网站了。

当你的网站准备好上线时，请成年人帮你设置一下主机。有很多公司提供网站托管服务，你可以在第62页找到他们的搜索方法。他们也会为你设置一个域名，这是人们访问你网站时键入浏览器的内容。

如果你的朋友也有网站，可以商量让你的朋友在他们的网站里添加一个指向你的网站的友情链接，并在你自己的网站上也添加指向朋友网站的链接。这样，你的访问者可以在你们的网站之间轻松移动。

祝贺你！
你现在已经学会了所有用来对游戏编程并在你自己的网站上展示的超级技能！下一步你打算编个什么程序？

注意安全！
不要把你的真实姓名、地址或学校等个人信息放在你的网站上或网络上其他任何地方。

实用网站

祝贺你！你现在已经掌握了成为一名程序员的10种超级技能。这里有一些资源，你可以用它们来学习更多的东西，创建其他很棒的项目。

本书作者的网站

搜索"Sean McManus"，进入作者个人网站。

从网站上可以下载本书中的示例代码，加上可以修改的10个Scratch演示程序、有关Scratch的文章以及帮助你构建网站的资源。

Scratch 维基百科

在常用的搜索引擎中搜索"Scratch Wiki"，进入Scratch维基网站，这里有许多使用Scratch积木的实用的例子和指令。

CODE 官网

可搜索"code你将创建什么"进入官网。

在这里你可以找到使用类似Scratch语言的编程练习，包括一些流行的电影和电视主题。

编程俱乐部项目

"编程俱乐部（code club）"官网提供帮助计算机俱乐部学习编程的资源。你可以下载Scratch和网页设计项目自己尝试一下。

肖恩游戏学院

搜索"shaunsgameacademy"进入"Shaun the Sheep's Game Academy"网站，单击"LEARN&MAKE"按钮，进入小羊肖恩的制作者编写的Scratch指南，包括你可以在游戏中使用的角色。

Scratch Jr

搜索"Scratch Jr"，探索简化的iPad版本的Scratch，这样你的弟弟和妹妹也可以学习编程了！

HTML 验证器

The W3C Markup Validation Service 官网

CSS 验证器

CSS Validation Service 官网

如果你的网站不能正常工作，试试用这些工具来检查你的网站代码。它们的答案可能有点复杂，但它们可以帮助指出常见的错误，例如缺少括号。

网站托管公司

GoDaddy、landl和fasthosts都可以提供网站托管服务，但它们只是众多提供该种服务的公司中的一小部分。如果你认识的人有自己的网站，问问他推荐哪家公司。

词汇表

积木：一段 Scratch 代码。你可以把许多积木像拼拼图一样拼成程序。

积木区：在 Scratch 中屏幕左侧的区域，显示你可以使用的所有指令。

程序错误：在程序中出现的错误。有时这种错误会使得程序不能工作，有时只会让程序表现得很奇怪。

编程：为计算机编写代码，如应用程序或使用各种标签的网页。

CSS：是用于网页设计的计算机语言，如可以设计颜色和边框等。

FTP：文件传输协议，是用于在互联网上发布网站的一套协议。

图形：计算机屏幕上的图片通常被称为"图形"。通常是指插图和计算机生成的图像，而不是照片。

十六进制：在编程中经常使用的一种计数系统，它使用数字 0 到 9 和字母 A 到 F。在 HTML 中，它用来表示对应的颜色。

HTML：用于网页内容（如文本和图像）的计算机语言。

列表：在 Scratch 中是一种在程序中存储大量的数字或文本的方法。在 HTML 中是一种生成带列表符或编号的列表的方法。

循环：一段能重复运行的程序，可以重复运行一个设定的次数，或者一直重复运行。

笔：Scratch 中的一个功能，使角色在舞台上移动时可以画出一条线。

平台游戏：一个游戏，玩家操纵角色在不同平台间跳来跳去，最终到达终点，通常需要在途中避开敌人。

程序：为计算机或其他设备编写的一组指令。例如，某个程序可以是一个游戏，也可以是文字处理软件。

计算机编程：为计算机编写程序。

原型：一个程序的精简版本，用来测试某部分程序如何工作，比如重力如何起作用，或者敌人如何移动。

Scratch：一种免费又友好的编程语言，使得制作游戏和动画变得很容易。

Scratch 代码：一组连接在一起的 Scratch 指令。

角色：Scratch 中的一个图片，你可以向它添加指令。角色通常是游戏中的角色或障碍。

舞台：当你运行 Scratch 程序时，你会看到它在舞台上工作。

标签：在 HTML 中，标签是一段代码，告诉浏览器关于网页某一部分的结构。

变量：一种存储一段文本或一个数字的方法。

网页：通过互联网下载的信息页面，可以包含文本和图片。

网站：是在互联网上同一地方的网页的集合。它们通常都是属于同一个人的。

x **坐标**：屏幕上的水平位置。

y **坐标**：屏幕上的垂直位置。

关于作者

肖恩·麦克马纳斯（Sean McManus）是编程俱乐部的一位志愿者，他在英国伦敦的一所学校教授编程和网页设计课程。他是多本少儿编程图书的作者或合著者。

Hello World!

爱上编程
Programming

SUPER SKILLS

1010111010001010100
1111000000111
1010111010001010100
1111000000111

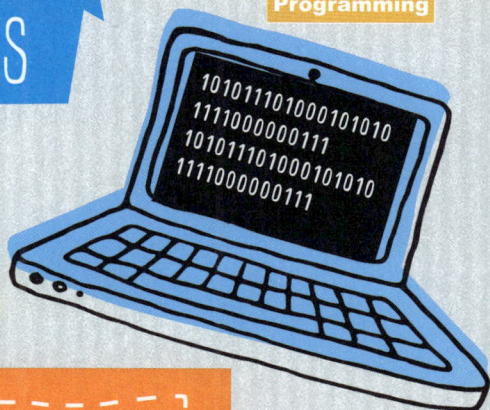

少儿编程趣学指南

PYTHON 篇

HOW TO CODE

[美] 伊丽莎白·特威代尔
（Elizabeth Tweedale） 著

网易有道卡搭工作室 译

LEARN
HOW TO CODE
WITH PYTHON

人民邮电出版社
北京

关于作者

伊丽莎白·特威代尔（Elizabeth Tweedale）是 Cypher 公司的创始人，该公司致力于通过全新、有趣的方式向度假营的孩子们教授计算机科学。她是一位计算机科学家并在世界各地担任建筑事务所的顾问，为建筑工程师们提供关于如何将程序编码加入设计过程中的建议。

目　录

欢迎来到编程世界

好奇心和创造力是成为一名伟大的程序员所必备的素养。每个人都应该学习编程吗？是的，当今世界，一切事物背后的"实质"其实都是程序。因此，一旦掌握了如何编程，你就可以改变世界。

未来越来越多的工作需要编程。本书分为10个超级技能，每个超级技能都基于不同的工作。我们将学习如何通过Python使用这些技能，帮助我们完成不同的工作。

我可以学习编程吗？

当然！这本书适用于没有编程知识基础的学习者，当然如果你接触过简单的图形化编程语言（例如Scratch），那学习这本书所讲授的Python语言将会更加容易。Python语言与其他编程语言最大的不同在于它是一种基于文本的编程语言，这意味着你将要使用字母的形式来输入指令，而在Scratch当中你可以通过将指令积木连接到一起来编写程序。

这本书的组织架构

这本书介绍了10种编程核心技能，我们将使用Python语言来探索在真实世界的不同行业中程序是如何应用的。

因为每个章节都在前一章节的基础之上介绍了一些新的思想观点，所以作者建议每位学习者最好按照顺序阅读、学习每个章节，如果跳过某个章节的话可能会错过一些重要的内容。

小贴士
如果你从未接触过编程，可以先试一试Scratch。

什么是编程

程序存在于我们每天所接触使用的技术当中。程序是操作者下达给计算机的一套指令，以指示计算机根据需要进行工作。编程让我们了解针对身边的不同类型的技术（从手机到计算车流量）如何给出这些指令。编程就像写作，每套指令就像一个句子，为了完成一本书，我们需要连续写很多句子。一套关于编程指令的集合叫作项目，项目旨在实现某种技术应用。

我们将会探索更多关于编程的工作，通过这本书获得更高阶的编程技能。

编程使我们生活中的小工具可以发挥大作用。一部手机，如果没有关于如何打电话、如何接收信号的程序，如果没有日常所使用的手机应用软件（App），它将仅仅是一个有屏幕的金属块。编程可以让世界上所有行业联系起来。

航空飞行员：程序代码运用于自动驾驶仪的程序，飞行员也可以通过编程来控制飞机的飞行。

医学科学家：编程用于预测人类疾病，医学科学家可以根据大数据对疾病进行预测。

农民：编程甚至可以应用于农业。粮仓中的微型传感器用来监测合适的温度，GPS卫星可以从高处追踪监控整个农田的作物。

你生活中的编程

你的家人和朋友都是做什么工作的？他们在工作当中是如何应用技术的？你能想出在他们的工作中，可以使用编程帮到他们的方法吗？在学校学习中编程是如何帮助你的？编程能帮助你完成作业吗？

在真实世界中编程

我们可以使用不同的编程语言来完成相同的任务，例如让"你好，世界！"在计算机屏幕上显示出来。不同的编程语言擅长做不同的事情，那我们如何选择编程语言呢？

选择一种编程语言

明确我们喜欢做的任务，并且了解哪种情况下适合用哪种编程语言，这可以帮助我们进行选择。由于大多数编程语言涵盖了大部分的编程概念，让我们从以下几种编程语言中选择一种。

学习编程语言是一个循序渐进的过程，你可以按照这个顺序学习。

Scratch Jr：通过拖动、连接积木和图形来引入编程的可视化的编程语言。

Scratch：用来创建游戏、动画等的一款有趣的可视化编程语言。

Python：基于文本的编程语言，易于使用并且适合于完成不同的任务。

HTML/CSS/JavaScript：构成大多数网站的3种主要的编程语言。

C++/Java：高级编程语言，用于编写运行速度非常快的程序。

如果你曾经学过众多编程语言当中的任何一种，那么你应该可以解决很多关于编程的问题。一些事情也因此变得简单很多——想象一下你该如何跟说外语的人进行交流，你可以做到，而这只是其中的一种小技能。

技术正在改变世界

那么，技术改变世界的方式究竟是什么？ 我们可以分解为 7 个主要的领域。每个领域都是我们所说的"大趋势"！

1 人类与互联网

人们可以与连接到互联网中的物体进行交互，例如人们所穿的衣服，所居住的建筑等。

2 超级计算机

计算机的便携化、微型化使得拥有一台快速且强大的计算机成为越来越简单的事情。与 15 年前的计算机相比，一部智能手机其实就相当于一台个人的超级计算机。

3 物联网

微型传感器被添加到各种各样的计算机和设备当中，帮助我们追踪监测其中的数据。它们甚至可以监测南极洲的天气模式或是计算北极的冰层融化程度。

4 大数据

连接到互联网当中的微型传感器收集了大量的数据。问题解决程序可以从这些数据中得到信息来帮助我们解决问题。

5 人工智能

当问题解决程序分析大数据并开始形成新的问题时，我们称之为"人工智能"。这些程序不仅仅能够从它们的发现中进行学习，它们甚至有能力编写代码并不断发展进化。

6 共享即是关怀

互联网使得全世界的人共享信息变得越来越容易。你可以方便地使用计算机和世界另一端的朋友讨论你的家庭作业。

7 3D 打印

现在，物体可以通过 3D 打印被制作出来，如果你在家需要螺丝刀却找不到，你可以通过 3D 打印制作出一个。

我需要什么？

学习 Python 语言需要一台计算机，台式机或者笔记本电脑都可以，除此以外，你还需要访问互联网以下载所需的软件。

潜入

在这本书中，我们会学习计算机科学的一些核心概念，这是一个重要且有趣的课题。计算机科学是研究计算机和技术的科学。如果你发现一些案例很复杂请不要担心。在不完全理解所有细节的情况下，你可以通过尝试更高阶的一些概念，更好地理解编程中的"为什么"，

这将激励你以后学习更多关于编程的知识。

本书中的例子使用的是 Python 3.5.2 和这个版本软件的一些新功能。如果你使用的是 Python 旧版本，例如 Python 2.7，部分例子可能行不通。

寻求帮助

如果你遇到困难，请尝试用搜索引擎得到帮助。你可以复制错误消息（来自你程序代码中的错误）并粘贴到搜索引擎中，通常搜索引擎会找到比较有帮助的答案。在查询基于文本的编程语言的任何相关问题时，有些专业网站非常有用。

请记住在上网之前寻求家长或成年人的帮助。

小贴士
在下载软件之前最好把你的计算机操作系统更新到最新版本。

小贴士
如果你遇到困难，这本书所有的程序代码可以在"如何编程2.0"的开源代码库中找到。

让我们开始打字吧，QWERTY!

　　如果打算输入 Python 代码，让我们首先学习一些基本的打字技巧。先遵循这些简单的步骤，然后上网练习！

坐直了

- 坐直，保持背部挺直。
- 弯曲你的肘部。
- 眼睛和屏幕之间保持 45~70cm 的距离。这个距离大概相当于两三个篮球连在一起的长度。

基准行——寻找基准键

- 基准行是你的手指在准备打字之前和打字间歇所悬停的键所在的行。要找到它，我们首先要找一找基准键！
- F 键和 J 键上有凸起的短横线，这指示你把两个食指放在这 2 个键上。不看键盘的时候这 2 个键也可以很容易被找到，快试一试！
- 接下来，左手小指、无名指、中指、食指依次放在 A、S、D、F 键上，右手食指、中指、无名指、小指依次放在 J、K、L、;（分号）键上，这 8 个键所在的行就是基准行。
- 手腕在键盘上悬停。

按键和手指

　　每个按键都有特定的手指分配给它。看看你是否能找出你需要使用哪些手指来触及键盘上的其他字母。

手指移动

- 确保只移动按键所需要的那个手指。
- 按键之后，手指返回基准行。
- 你知道吗？键盘在设计的时候考虑到了双手，键盘上的键以这种方式排列是为了让你的手指移动起来更加方便，并且在众多的字母键当中尽可能少地移动手指。

键盘有时候也被称作 QWERT 键盘，这是因为左上角一排的前 6 个键是字母 QWERTY。

速度

　　慢慢来，一开始准确率比速度更重要。

熟能生巧

　　适应输入的最好方法就是练习，可以在免费网站上练习并测试。

小贴士

练习"盲打"时用一块布盖住双手，确保在打字的时候眼睛看不到键盘。

安装Python

Python是很容易学习的，因为其代码容易阅读，而Python解释器也可以发现代码中的任何错误。对于代码中需要的空格或制表符的数量，Python语言也有很好的宽容度，而且它不像C++和Java语言那样需要使用很多特殊的字符。Python语言有时候只需要用几行代码就可以实现很复杂的程序。

让我们一起来翻译

翻译员是懂得两种语言的人。为了用Python语言编写代码，我们将下载并安装Python解释器。Python解释器的作用是把我们通过Python语言讲述的内容转化成一种计算机可以读懂的位和字节的语言。

小贴士

Python是一个开源软件，也就是说你可以直接通过互联网链接下载和安装。开放源代码软件就是任何人都可以检验、修正和改进的软件。与之相对的是商业软件，如Microsoft Office或Adobe Creative Cloud，你必须先购买才可以使用。

计算机可以读懂的位与字节的语言我们称之为"低级语言"。

01101001
01101100

01101111
01110110
01100101

01100011
01101111

01100100
01100101

1 登录

打开网络浏览器并登录 Python 官方网站 Python.org。

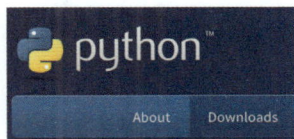

2 下载

单击"Downloads"下载 Python 3.x。（"x"指的是具体的发行版本号。我们在本书中使用 Python 3.5.2。）

3 安装

下载完成后，找到下载的文件，打开它。按照网站上安装 Python 的步骤进行安装。

当 Python 安装完成之后，打开 IDLE Python shell（参见第14页）。现在你就可以开始编程了！

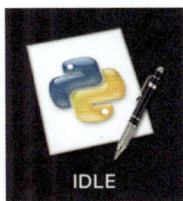

IDLE

小贴士

Python 网站将自动检测你正在使用的操作系统（如 Windows、Mac OS 或 Linux），然后根据操作系统给出需要安装的 Python 版本的建议。

当你打开 Python 编辑器，它看起来就像一个文本编辑器。不用管屏幕上方的文本，这只是告诉你正在使用的 Python 版本。

在下载和安装任何软件之前，请记得先与计算机所有者确认一下！

成为程序员

　　要成为程序员，我们必须学习如何编写程序。我们用代码编写程序。对于这项技能，我们将学习如何使用Python语言与计算机进行交流，然后创建、保存和运行我们的第1个程序。

程序员是做什么的？

　　程序员编写计算机程序。程序员来自于不同的地方，有不同的兴趣爱好。他们为不同类型的程序写代码，从开发像Facebook（马克·扎克伯格）这样的Web应用程序到开发像Python这样的编程语言（吉多·范罗苏姆）。一个程序员可以单独完成程序编写，但更多情况是程序员作为团队的一部分与大家一起合作编写程序。

计算机是如何执行一个程序的？

　　作为一名程序员，你的工作是和计算机的硬件打交道。你要告诉计算机如何分析数据以及如何解决问题。

　　你写的代码形成计算机所遵循的一系列指令。中央处理器（CPU）对代码进行处理，CPU相当于计算机的指挥中心，它让你的指令与计算机的输入/输出设备、存储设备和网络进行交流。

世界上第一位程序员是来自英国的一位女士，叫艾达·勒芙蕾丝（生于1815年）。在计算机出现之前，她已经发现机器可以按照一组指令来解决问题。

输入和输出

o 我们使用输入/输出设备与计算机进行交流。这些设备包括键盘、屏幕、鼠标、打印机、扫描仪、扬声器和话筒。

o 网络是连接你的计算机和其他计算机的纽带，

我们最常使用的网络是互联网。

o CPU使用计算机的内存来存储运行程序所用的信息。它存储在诸如USB或闪存驱动器之类的设备中。

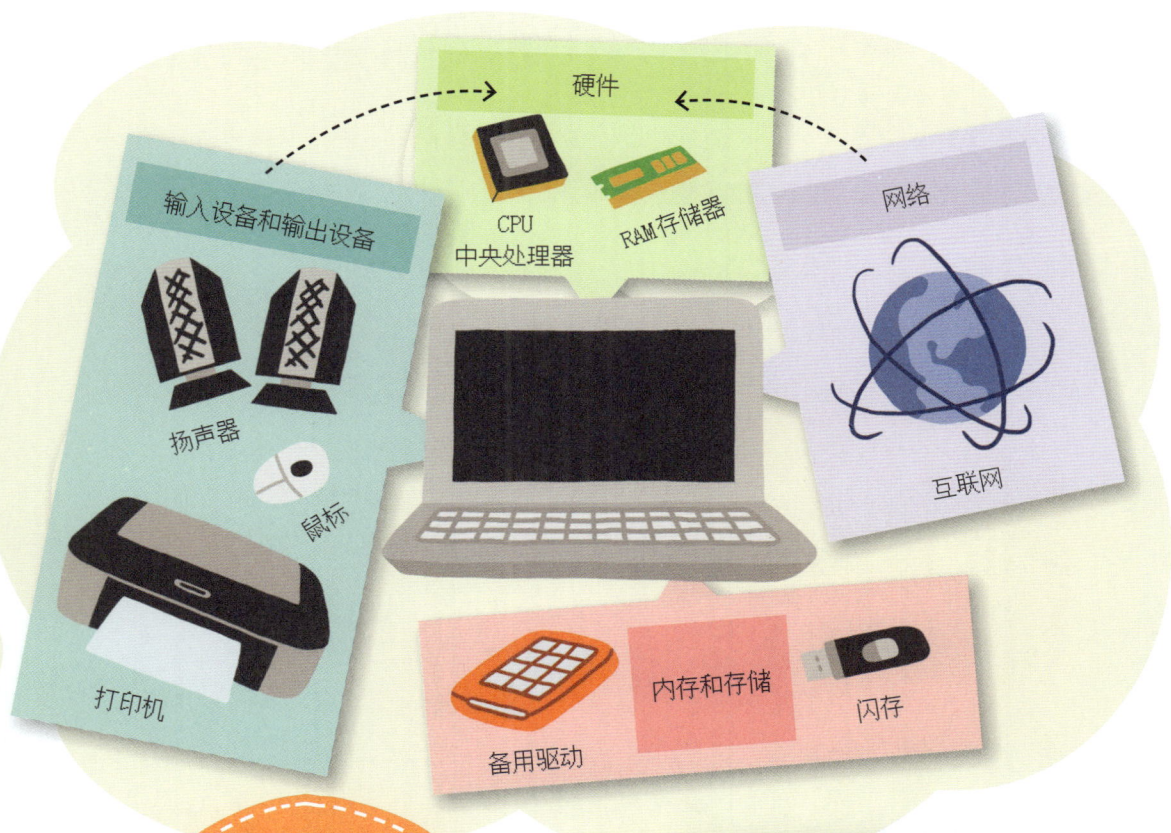

硬件

CPU
中央处理器

RAM存储器

输入设备和输出设备

扬声器

鼠标

打印机

网络

互联网

备用驱动

内存和存储

闪存

小贴士

在本书中我们将使用术语"程序"，尽管大多数时候我们的代码很简单并可以被称作"脚本"。

进一步练习

你能指出以上物品中哪些是把信息输入计算机的输入设备以及哪些是将信息从计算机输出的输出设备吗？

你的第一个程序

用于输入程序并运行它们的软件是程序的外壳。Python 程序的外壳称作 IDLE，即交互式开发环境。IDLE 使得编写 Python 程序更加容易，就像用 Word 或 Pages 等文字处理软件可以更轻松地编写书籍。

IDLE shell

现在你已经通过下载 Python 掌握了超级技能1，你会发现在你的计算机中有了一些新的程序。找到 IDLE 并打开它，你将会看到这样一个窗口：

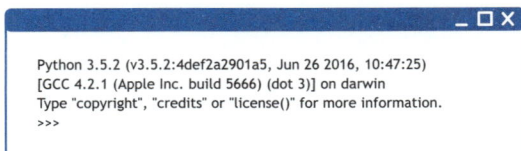

```
Python 3.5.2 (v3.5.2:4def2a2901a5, Jun 26 2016, 10:47:25)
[GCC 4.2.1 (Apple Inc. build 5666) (dot 3)] on darwin
Type "copyright", "credits" or "license()" for more information.
>>>
```

小贴士

由于每个人所用的操作系统不同，你的 IDLE 窗口可能看起来会跟书中的图片所示略有不同。不用担心，代码会是一样的。

"输出"（print）是 Python 的一个命令，叫作调用函数（见第24页）。它用来在屏幕上显示括号内的内容。这是一种不同于把计算机上的内容打印到纸上的"打印"（print）概念。

让我们和计算机对话

一旦打开 Python shell，你会看到以下界面。

```
>>>
```

这个提示是 Python 语言以它的方式告诉你它已经准备好接受你的指令并开始和你进行对话。你现在需要学习的是如何"说" Python 语言。让我们来试一试。输入以下指令。

```
>>> print ("Hello World")
```

在行末按回车键。如果你输入正确的代码，Python 会说：

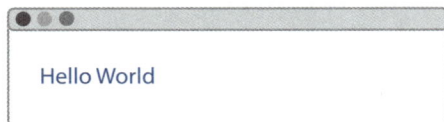

```
Hello World
```

非常棒！你已经写成了一个小程序，完成了和 Python 的第一次对话！现在，让我们检查程序确认无误后保存对话，这样就可以反复进行与 Python 的对话了。

第一段程序

Hello World 对于编程者来说是著名的第1段程序。就像程序员向计算机说"你好"且得到计算机的回复说"你好"。实际上，你只是简单地给了计算机一个指令来让它显示"你好"这个词。

啊！

语法错误

语法是编程语言的一组非常重要的规则，是为了让计算机能理解你用一种语言尝试告诉它的事情。

想象一下，对一个人说"编程是世界上最酷的事情"，但对方听到的是"世界上事情是编程最酷的"。对方听到的句子是没有意义的，因为第2种语言是不符合语法规则的。Python 语言也一样，让我们来看一个例子。

试着输入以下内容，故意省略我们上一个程序当中的第2个引号。

```
print ("Hello World)
```

你将会得到下面的内容。

```
SyntaxError: EOL while scanning string literal
```

这些错误信息提示有助于检测到任何错误。

一些常见的语法错误及其修复方法

1 "unexpected indent"（意外缩进）——检查行首有无多余的空格，是否与预想的匹配。空格就是缩进。

2 "EOL while scaning string literal"（扫描字符串时候的错误）——检查字符串的开始和结尾是否漏掉了引号。

3 "invalid syntax"（无效的语法）——检查拼写是否错误。

4 "invalid syntax"——检查是否使用了正确的标点符号。

5 "invalid syntax"——检查你是否混淆了连接符（-）和下划线（_）。

6 "invalid syntax"——检查你是否使用了正确的括号，Python 中最常见的括号是"（"和"）"，有时也会使用另外两种类型的括号，即"[]"和"{}"。

保存对话

你刚写的程序很棒！但是假如你要每天和计算机进行对话，及时保存对话（也就是程序）要比重新写程序容易很多！当我们以后要写更长更复杂的Python程序时及时保存程序会非常有用。

在IDLE shell中，单击"文件">"新建"。

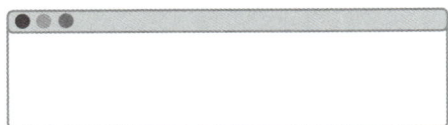

○ 这样将会创建一个看起来像是文本编辑器的新文件，两者唯一的区别是当从 Python IDLE 使用文本编辑器的时候，它会使用不同颜色来凸显重要的单词并给出提示和建议，这被称为"自动完成"。

○ 在你的无标题窗口中输入以下内容。

```
>>> print ("Hello World")
```

颜色

颜色用来帮你区分不同类型的单词。你注意到这3种不同的颜色了吗">>>"、你输入的"Hello World"（你好世界）以及Python回复的"Hello World"（你好世界）。

>>>　"Hello World"

Hello World

Python 脚本文件名称以 .py 结尾。

○ 选择"文件">"保存"。
○ 将你的文件以"HelloWorld.py"为名字保存在桌面上。
○ 选择"运行">"运行模块"。
○ 你可以看到你的程序在IDLE shell中运行，如果你关闭IDLE窗口并再次运行你的程序，IDEL shell 将会再次出现，程序也会重新运行。

祝贺你，你刚刚创建、保存并运行了自己的第1个程序！

放松点

　　使用IDLE运行程序是最简单的，我们也可以使用Python启动器通过终端打开Python文件。

○ "终端"（Mac OS或Linux操作系统）或"命令提示"（Windows操作系统）是计算机当中的一个应用程序，你可以通过它向计算机的操作系统直接发送命令。

○ 找到你刚刚创建的"HelloWorld.py"文件。

○ 右键单击文件并选择打开，然后选择Python启动器。这将打开你的终端或者命令提示并运行Python程序代码。

○ 你也可以试着双击文件打开！

○ 看看终端，你能否找到"Hello World"写在哪里。

计算器

　　Python可以用来解释数学运算，如+、−、*、/。Python所使用的执行这些运算的符号叫作运算符。用这些运算符，我们可以把Python当作一个计算器使用。

　　打开IDLE键入以下命令。

```
5 + 5
20 - 10
9 * 3
18 / 2
```

　　做得好——你把Python变成了你自己的计算器。你现在可以使用超级技能1输入并向计算机发送解释性代码，你也可以运用超级技能2编写并保存一段程序，并理解程序代码中颜色标识和错误信息提示的意义。既然你已经成为程序员了，让我们继续用Python成为一名艺术家吧！

小贴士

尝试按F5运行你的程序。快捷方式是加快你编程的一个好方法。如果你看一下菜单中的选项，你会发现诸如"文件">"新建"或"文件">"保存"以及其他的一些命令都有快捷方式。

$$\frac{\left(\left(\left(3+5\right)^2+8\right)+3\right)+5^2}{\sqrt{10}\left(1^2+2^2+3^2+4^2\right)}=?$$

进一步练习

你还可以尝试包含多个运算符及括号的更复杂的方程，如((6+2)*10)/4。

成为艺术家

艺术家会使用许多不同类型的工具创作艺术作品。我们通常认为这些工具包括画笔、铅笔、雕刻工具以及相机等，但是现在的艺术家也会用代码进行艺术创作。对于这种超级技能，我们将学习如何运用Python模块使用代码创建艺术作品。

什么是数字艺术家？

数字艺术家使用技术进行艺术创作。这些创作包括从使用脚本编辑数码照片到编写程序代码创建模型。一些令人惊叹的艺术创作甚至可以在观众走过的时候产生艺术效果来回应观众。这是通过传感器侦测出人的位置并根据传感器侦测到的运动编程绘制出特殊图案。

让我们以数字艺术家的身份来创作我们的第1幅画。我们将在计算机屏幕上使用代码创作图画。我们接下来如何做呢？首先，让我们仔细观察一下将要作画的屏幕。

屏幕是由像素组成的。像素很小并且排列紧密，平时我们注意不到，但是放大后我们可以看到它们是呈小方格状排列的。每一个小像素像一盏小灯一样，我们可以点亮和关闭它们，也可以为像素小灯选择任何颜色，我们所要做的就是告诉计算机要点亮哪些像素以及选择什么颜色。

进一步练习

你也可以使用像素绘制图片！使用铅笔填充纸上的正方形网格来创建图画。为了增加挑战尝试使用不同颜色的铅笔。

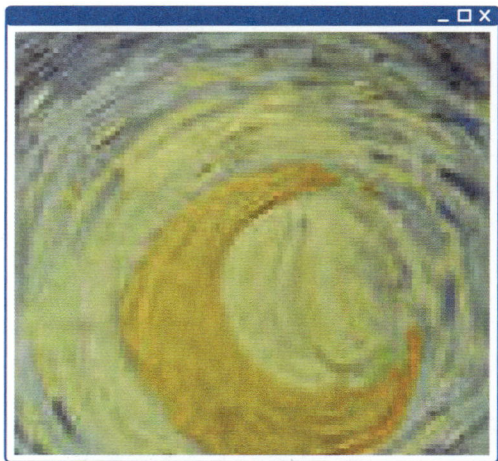

像塞尔达传说（Legend of Zelda）和超级马里奥（Super Mario）这样的老式的电子游戏的设计就是基于点亮像素的原理。

用代码绘图

Python 带有内置模块单元的标准程序库。模块是由代码组成的。把标准程序库想象成一座图书馆，每本书相当于一个模块。如果你想使用，你只需要找到这本书而不需要自己再写一本。同样的道理，我们可以导入一个模块来帮我们绘图。

海龟模块

海龟模块的历史可以追溯到20世纪60年代，那是它首次作为Logo编程语言的一部分被使用。它由函数（或指令）组成，用于在屏幕上创建诸如直线、点、曲线等简单图形。你可以把这些函数看作"海龟"（Turtle）这本书（或模块）中的章节。每个函数都有执行不同任务所需的代码，例如画一条线或用颜色填充一个圆。

从例子中学习

我们在自己的代码中使用这个模块之前，我们首先来看一看 Python 语言中海龟模块附带的例子。打开你的终端（Mac OS 或 Linux 操作系统）或命令提示符（Windows 操作系统）并输入：

```
python3 -m turtledemo
```

从菜单中选择一个示例，按下开始按钮。

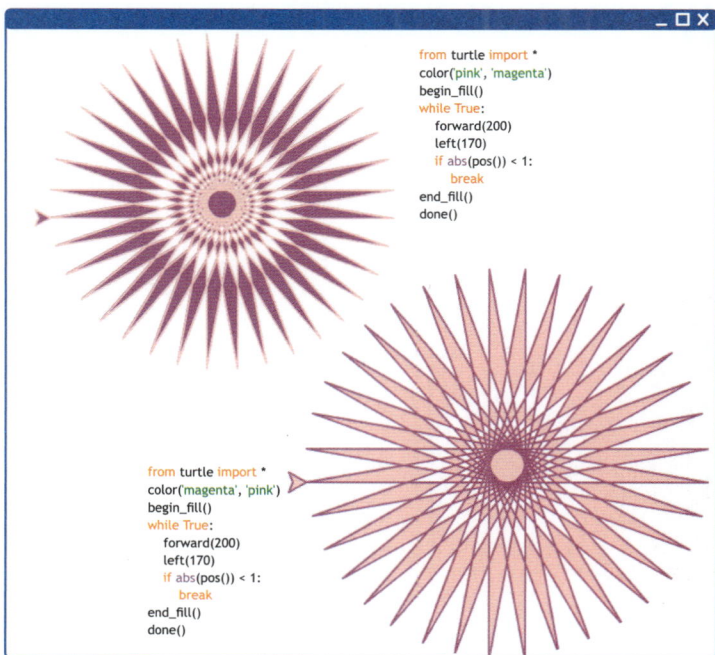

```
from turtle import *
color('pink', 'magenta')
begin_fill()
while True:
    forward(200)
    left(170)
    if abs(pos()) < 1:
        break
end_fill()
done()
```

```
from turtle import *
color('magenta', 'pink')
begin_fill()
while True:
    forward(200)
    left(170)
    if abs(pos()) < 1:
        break
end_fill()
done()
```

观察

找出差异

观察左侧的两幅图找出差异。你能发现程序代码中有什么不同而导致计算机绘制出不同的图案吗？

小贴士

你还可以在计算机上搜索 turtledemo.py 文件并启动它。

海龟正方形

让我们来绘画吧！弄清楚海龟模块最容易的方法是想象这个模块里面有一只机器海龟，它知道如何根据指令来绘画。它了解不同的命令：如向前走、右转和左转。通过把这些指令结合在一起，我们可以让机器海龟通过几行简单的程序代码来创作复杂的图形和图片。

打开 IDLE shell。输入以下代码。

```
import turtle
>>> t = turtle.Turtle( )

#这行代码将海龟命名为"t"。
```

它将打开 Python 海龟的图形窗口，显示你的小海龟（看起来像一个箭头）。

```
>>> t.forward(50)

#这将使海龟向前移动50像素。
```

#注释

#是用来注释的。Python 解释器将忽略掉#号后面的任何内容。注释是用来方便你自己和其他程序员阅读的。一个优秀的程序员会在程序代码中写很多注释以方便快速阅读！注释以红色字体出现在你的屏幕上。

导入模块告诉 Python 你会用到它。

现在输入以下几行代码。

```
>>> t.right(90)
>>> t.forward(50)
>>> t.right(90)
>>> t.forward(50)
>>> t.right(90)
>>> t.forward(50)
```

非常好！你可以使用程序画出一个正方形了。

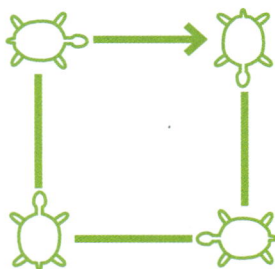

海龟是如何移动的

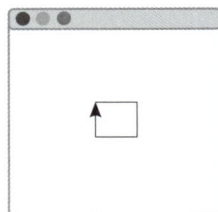

从你的程序输出的正方形

保存你的正方形

现在你可以将此程序代码复制粘贴到新文件中，稍后再保存。

o 选择〝文件〞>〝新建〞。

o 全选代码并复制，选择〝编辑〞>〝复制〞。

o 在新文件当中选择〝编辑〞>〝粘贴〞。

o 选择〝文件〞>〝保存〞，保存文件为：simpleSquare.py。

o 选择〝运行〞>〝运行模块〞来测试刚才保存的程序。

循环的海龟

我们编写的上一段代码有2行代码是相同的，并且重复了3次。编程中重要的一部分就是让计算机为你重复简单的步骤，这叫作循环。在不犯错的情况下反复重复相同或相似的步骤是计算机非常擅长的事情，而人工做起来却有难度。为了测试这一点，试着在一张纸上画出6个正方形，尺寸大小完全相同，彼此之间的距离也完全一样……太难了！

Python提供了不同的循环指令供我们选择，例如用于"重复多少次"的"for"循环，"重复直到什么时候停止"的"while"循环。

冒号和缩进

- 在每个循环指令的第1行的末尾，必须是冒号（:）。
- 循环内所有的程序代码以4个空格开头。当你在IDLE中输入的时候会自动地加上，在需要的时候你也可以手动添加。
- 当要循环的代码完成后，下一行代码不应该从空格开始，它应该返回到左边边距。

"for"循环

我们使用"for"循环可以创建出一个同样的正方形。这次你可以为你的海龟起一个不同的名字。我们可以叫它"loopy"（呆头呆脑的）。

```
import turtle          #导入海龟模块
loopy = turtle.Turtle()    #把海龟模块命名为"loopy"

for i in range(4):       #使用for循环重复执行"向前移动50，右转90"4次
    loopy.forward(50)
    loopy.right(90)
turtle.done()          #完成
```

以下是"for"循环。输入以下内容：

```
for i in range(4):
    loopy.forward(50)
    loopy.right(90)
```

for和in告诉Python我们在使用"for"循环。

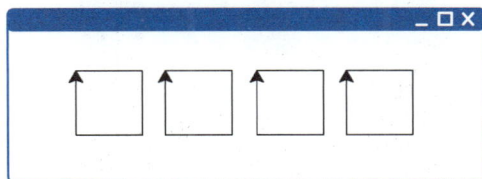
变量是可以改变的量，例如天气（因为它可以是晴朗的、多雨的、多云的……）

i是迭代器。i是一个变量（见第34页），你可以用任意名称命名它。它跟踪记录循环运行的次数，从0开始每循环一次增加1，在上述示例中直到4，然后停止循环。

range是一个函数，它告诉Python重复循环的次数。

制作一个万花尺图案

艺术家使用万花尺制作美丽的图案。万花尺是一种工具，它有带孔的连锁轮可以让笔通过这个孔形成图案。让我们试着用代码制作一个万花尺图案。要做到这一点，我们将使用另一种循环："while"循环。

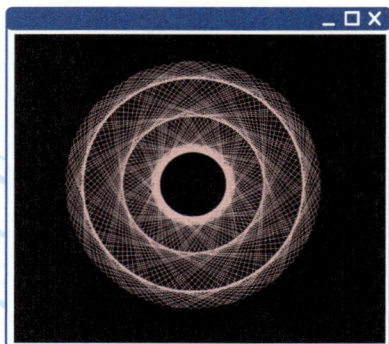

```
from turtle import *      #导入海龟模块
                          #让事情变得简单
speed(0)                  #将绘图速度设置为0
pencolor('pink')          #将笔（线条）的颜色设置为粉红色
bgcolor('black')          #将背景（画布）的颜色设置为黑色
x = 0                     #创建变量x，将初始值设为0

penup()                   #移动海龟
lt(180)                   #起笔
fd(100)                   #lt()表示向左旋转一定角度
rt(90)                    #fd()表示向前移动，bk()表示向后移动
pendown()                 #rt()表示向右旋转
                          #把笔放下
while x < 120:            #当变量x的值小于120时，继续
    fd(150)
    rt(62)
    fd(150)
    rt(62)
    fd(150)
    rt(62)
    fd(150)
    rt(62)
    fd(150)
    rt(62)
    fd(150)
    rt(62)
    rt(12.25)
    x = x+1               #将变量x的值加1

exitonclick()             #单击时海龟退出
```

"while"循环

不同于"for"循环重复特定的次数，"while"循环将一直重复直到条件发生变化。它有时被称作无限循环，意思是除非我们告诉它停止，否则一直重复下去。例如，假如我们说：

当有空气时，呼吸。

这是理所当然的，因为我们会保持呼吸。但是如果我们说：

当有空气的时候，笑。

这会让你一直笑！这个怎么样：

当你被挠痒时，笑。

当我们停止挠痒时你就可以停止笑了，让我们尝试用"while"循环来制作一个万花尺图片。

小贴士

请注意程序代码中的rt(90)，其中90是告诉海龟转弯90度，rt告诉海龟向右转。度数是测量角度的，从0到360。旋转完整的一圈是360度。

随机！

　　当某件事是随机的，那它就是意料之外的。例如，如果你按时间顺序列出一周中的几天，它们就不是随机排列的。但是如果你选择一周中的某一天，它会被认为是随机的。

　　数字艺术家使用"随机"来创造独特的艺术作品。为了让万花尺图案更有趣，我们可以使用Python的另外的一个模块：随机模块（random）。这个模块包含用于打乱和选择数字的功能。我们将使用一个函数（randint）来选择随机数字，以便创建不同颜色的线条。

RGB

　　RGB代表红、绿、蓝。屏幕上的颜色可以是混合红、绿和蓝光创建出的任何颜色。3种颜色你都可以选择0至255之间的任何数值。

　　举几个例子：

r = 0，g = 0，b = 0为黑色。

r = 255，g = 255，b = 255为白色。

r = 255，g = 0，b = 0为红色。

打印你的艺术作品

　　一旦你的Python脚本运行完毕，在你单击它（使它退出）之前，可以打印你的屏幕（截屏）并保存设计。你可以用图像编辑软件打开截屏图片。打印出来，与你的朋友分享！

```
from turtle import *          #导入海龟模块
from random import randint    #从随机模块导入函数randint
                              #就像海龟模块一样，它也是一个模块，但这次我们只读入一个函数，
                              而不是所有函数

speed(0)
bgcolor('black')
x = 0
while x < 400:                #当变量x的值小于120时，继续

                              #创建颜色变量r, g, b
    r = randint(0,255)        #将变量设置为0到255之间的随机整数
    g = randint(0,255)        #注意：每次循环运行时这些数字都会改变
    b = randint(0,255)
    colormode(255)            #这告诉Python接受3个整数：表示颜色的r, g, b
    pencolor(r,g,b)           #将笔的颜色用r, g, b表示
    fd(50 + x)
    rt(105)                   #更进一步：将此更改为rt（91）或其他数字
    x = x+1                   #将变量x的值增加1
exitonclick()                 #单击时，海龟退出
```

小贴士

打印你的艺术作品：在苹果电脑上用快捷键Command-Shift-3截屏，在PC上使用Print Screen（打印屏幕）按钮。

成为时装设计师

　　时装与科技的关系越来越密切。从3D打印衣服到扫描身体制作样品模型，时装正在程序的帮助下迅速变化！我们将使用编程技能来为自己的时装设计创造新的花样。

时装设计师是做什么的？

　　时装设计师研究时尚潮流并设计衣服、配件和鞋子。时装设计师设计草图、对衣服的风格和图案进行创作、选择材料并参与生产的所有必要步骤。对于这项超级技能，首先我们将使用作为艺术家的技巧创造自己的面料图案，然后创建草图设计的程序。

函数

　　函数，像循环一样，可以帮助定义一个你将会反复使用到的东西。它们也有助于将代码分解成更易于管理的任务。例如，想象你要画很多不同的人。每一个人的每一个身体部位都会不同。你需要画出一个接一个的每一部分的形状，你的程序代码会写很长。相反，如果你定义了如何画出头部，如何画出身体，如何画出胳膊和腿，你的代码就可以分解成多个易于管理的部分。下面是一个例子，一段画出身体的程序代码分解之后是这样的：

```
def head:
    head here

def body:
    body here

def arms:
    arms here

def legs:
    legs here
```

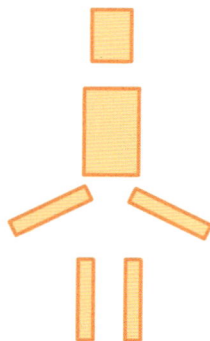

　　把它们连接在一起，你现在可以编写另一个函数程序，来画出一个人。

```
def drawPerson:
    head ( )
    body ( )
    arms ( )
    legs ( )
```

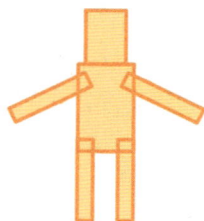

小贴士

你可能会注意到这里的代码不是严格意义上的代码，它叫伪代码（也称作sudo代码）。sudo代码类似于真正的代码，但是它是简化的代码，有时没有正确的标点符号。程序员用它来迅速记下想法，就像在写整本书之前先写提纲一样。

现在，让我们看看在Python中
定义多个函数。

```python
from turtle import *                          # 导入turtle（海龟）模块
from random import randint                    # 导入random（随机）模块的randint（随机整数）

designer = Turtle()                           # 声明turtle为designer变量
designer.penup()                              # designer抬笔
designer.goto(-330,330)                       # 让designer去左上角

r, g, b = 0, 0, 0                             # 创建3个元素变量r,g,b来显示颜色
colormode(255)                                # 将颜色模式设置为255

def chooseColor():                            # 这个函数会选择一个随机的颜色
    global r,g,b
    r = randint(0,255)
    g = randint(0,255)
    b = randint(0,255)

    designer.pencolor(r,g,b)                  # 将笔颜色设置为随机颜色
    designer.fillcolor(r,g,b)                 # 将填充颜色设置为随机颜色

        print ("Color is:", r, g, b)          # 如果不需要这行代码，它可以只用于测试
                                              # 它会将颜色打印到IDLE窗口，你可以来查看颜色代码

def drawSquare(size):                         # 此函数将绘制一个正方形
    designer.begin_fill()                     # 创建一个填充的正方形
    designer.pendown()                        # 放下笔
    for i in range(4):                        # 画正方形
        designer.forward(size)                # size是正方形的大小——尝试更改数字以更改大小
        designer.right(90)
    designer.penup()                          # 把笔抬起来，以便移动designer
    designer.end_fill()

    print ("Square Drawn")                    # 这部分也不需要，仅用于测试

def drawOneRow(number, size):                 # 此函数将绘制一行正方形
    for i in range(number):                   # 绘制number个方格——可以修改数字变得更多或更少！
        chooseColor()                         # 调用chooseColor()函数可以在每次绘制正方形时改变颜色
        drawSquare(size)                      # 画一个涂满颜色的正方形
        designer.forward(size)                # 在绘制下一个正方形之前，向前移动
                                              # 提示：确保此数字与drawSquare()中海龟前进的数字相同
                                              # 可以通过测试不同的数字来改变间距

def drawPattern(number, size):                # 此函数将绘制最终图案
    for j in range(number):
        drawOneRow(number, size)              # 画number行并在每一行结束后，换行
        designer.backward(size*number)        # 计算出往回移动的距离
        designer.right(90)
        designer.forward(size)
        designer.left(90)

drawPattern(10, 25)                           # 调用函数绘制图案
                                              # ->第1个数字是正方形的个数
                                              # ->第2个数字是正方形的大小
```

变换图案

假使你想定义一些会随时变化的东西，像一个人的身高。函数允许我们通过传递需求来实现这点。所以，drawPerson函数可以这样写：

```
def drawPerson(height):
```

如果你调用此函数，可以输入：

```
drawPerson(150)
```

在定义当中，你将告诉函数如何通过改变头部、身体、腿、胳膊的位置来处理height（高度）。

为了探索这一点，我们研究一下我们的时尚图案。注意更新后的代码。因为我们传递了2个数字，我们现在可以简单地通过改变2个数字来更新我们的图案了。

```
drawPattern (number, size)
```

传递就是程序员所说的，"从程序的主要部分中拿出某些东西然后把它放到你程序中的更深层中去（如一个函数）"。

```
def drawOneRow():              # 此函数会画一行正方形
    for i in range(10):        # 绘制10个正方形——你可以修改这个数字！
        chooseColor()          # 调用chooseColor()函数来在每次画正方形时修改颜色
        drawSquare()           # 画一个涂好色的正方形
        designer.forward(50)   # 在绘制下一个正方形之前向前移动
                               # 提示：确保此数字与drawSquare()中海龟前进的长度相同
                               #    你可以测试不同的数字来改变间距

def drawPattern():             # 此函数将绘制最终图形
    for j in range(10):
        drawOneRow()           # 现在，绘制10行并在每一行后向下移动
        designer.backward(500)
        designer.right(90)
        designer.forward(50)
        designer.left(90)

drawPattern()                  # 调用函数绘制你的图案！
```

在这个例子当中，你已经编写了"将设计显示在屏幕上"这样一个程序，通过为正方形个数和大小传递不同的参数，你可以测试你所编写的图案是什么样子的，并用相同的程序代码实现不同的图案。

进一步练习

你能算出传递不同的颜色值的范围吗？除了正方形你还能画出其他的形状吗？

设计

既然你已经找到了你想要的图案，接下来让我们用它来做设计！

○ 就像我们之前画万花尺图案那样打印出你的图案（见第23页）。

○ 在纸上画出一件衣服，如一件裙子、一件衬衫或一条领带，或者在杂志上找到一个设计图。

○ 把设计图从纸上或者从杂志上剪下来。

○ 把剪下来的设计图放在打印好的图案纸上描边。

○ 从图案纸上剪下你的设计图。你完成了！现在你是一名真正的时装设计师了！

小贴士

你也可以从杂志上剪下服装的一部分或从计算机里打印出来一个再裁剪。

让我们单击

我们将使用一个类似于Turtle的模块叫tkinter。tkinter是Python内置的图形用户界面（GUI）模块。GUI代表图形用户界面，发音为"gooey"。你可以把它看成你与计算机交互的屏幕。它由图像、按钮和文本组成。

让我们通过下面的程序来了解一下tkinter模块。

下面是程序运行时的一个输出的例子。

```
Clicked at: 43 48
Clicked at: 26 24
Clicked at: 85 27
Clicked at: 91 81
Clicked at: 3 84
Clicked at: 3 3
Clicked at: 97 98
Clicked at: 85 53
Clicked at: 41 71
```

```
from tkinter import *                              # 导入 tkinter GUI 模块

def main():                                        # 这是程序的主要功能
    root = Tk()                                    # 初始化 tkinter
    myWindow = Canvas(root, width=100, height=100) # 将你的画布命名为 myWindow，并将大小设置为 100 × 100
    myWindow.pack()
    myWindow.bind("<Button-1>", testClick)         # 这是将 <Button-1> 绑定到名为 testClick 的新事件处理程序
    root.mainloop()                                # 启动主事件循环

def testClick(event):                              # 定义 testClick 事件处理程序以及发生时要执行的操作
    print ("Clicked at:", event.x, event.y)        # 通过调用 main() 函数启动主循环！
main()
```

事件

在这个程序中，我们将会为你的超级技能增加一个新的内容：事件。编程中的事件是程序运行时发生的某件事情——例如移动鼠标、单击按钮或者用键盘输入。

为了检查这些事件，我们附加了事件处理程序来告诉程序当事件发生时怎么办。事件处理程序和函数类似。唯一的区别是传递的是事件而不是变量（见第34页）。

因此，在这种情况下，我们绑定单击按钮来告诉我们画布上的哪个坐标被单击了！

在tkinter窗口中，event.x和event.y是与x坐标及y坐标相关的。这个坐标映射到像素的位置。

主循环

tkinter 程序使用一个事件循环，这个程序在持续不断地检查正在发生的事情并寻找用户正在触发的事件。如果一个事件匹配的其中一个类型在程序中发生，事件循环就会把事件信息发送给事件处理程序。

> "<ButtonPress-1>" 中的 -1 代表单击左键。

```python
from tkinter import *                                    # 导入 tkinter GUI 模块
myPen = "up"                                             # 创建你的笔 (turtle)
myX, myY = None, None                                    # 将 X 和 Y 位置设置为 None
def main():                                              # 初始化 tkinter
    root = Tk()
    mySketch = Canvas(root)                               # 把你的画布命名为 mySketch; 你还记得如何将画布的大小设置为 600×600 吗?
    mySketch.pack()
    mySketch.bind("<Motion>", motion)                    # motion 是你的鼠标移动变量
    mySketch.bind("<ButtonPress-1>", myPenDown)          # myPenDown 是按住鼠标左键的时候的变量
    mySketch.bind("<ButtonRelease-1>", myPenUp)          # myPenUp 是松开鼠标左键的时候的变量
    root.mainloop()                                       # 启动主事件循环

def myPenDown(event):                                     # 定义: 落笔的时候会发生什么
    global myPen                                          # 告诉 myPenDown 函数, 我们要在其中使用 myPen 变量
    myPen = "down"                                        # 我们只想在按下左键时绘制
                                                          # '<Motion>' 事件一直在运行

def myPenUp(event):                                       # 定义: 你抬笔时会发生什么
    global myPen, myX, myY                                # 告诉 myPenUp 函数, 我们将在其中使用这些变量
    myPen = "up"                                          # 当松开左键的时候, 我们不会去画东西
    myX = None                                            # 松开按钮后重置起点
    myY = None

def motion(event):                                        # 定义: 鼠标移动时要做什么
    global myX, myY
    if myPen == "down":                                   # 只有在你落笔的时候画画
        if myX is not None and myY is not None:           # 这里是你绘制草图的地方
            event.widget.create_line(myX,myY,event.x,event.y,smooth=TRUE)
        myX = event.x
        myY = event.y

main()                                                    # 现在已经定义了所有事件, 调用 main 函数来启动程序
```

在这个程序当中，我们让 <ButtonPress-1> 事件告诉笔开始绘画，<Button-Release-1> 事件告诉笔停止绘画并初始化绘画坐标，最后，<Motion> 事件告诉程序如何画出线。祝贺你，现在你可以像一个真正的时装设计师一样画出设计图了！

> **小贴士**
> 注意事件是绿色的，并用 "<"和">"括起来的。

成为建筑师

建筑师设计各种各样的供人们居住、工作和娱乐的建筑和空间。在这些建筑和空间建成之前，建筑师要把设计图画出来以便让建筑工人知道要建造什么以及如何建造。建筑师的很多工作都是在计算机上完成的。他们使用代码来帮助他们进行设计，并帮助他们自动执行重复的流程和任务。有了这个超级技能，你将学会如何使用代码设计摩天大楼！

我们将再次使用tkinter来设计一座摩天大楼。tkinter有自己的用于绘制矩形的内部函数。它叫作：

create_rectangle

它需要输入以下参数：

(x1, y1, x2, y2, outline, fill)

注意，在这里通过告诉计算机分别位于左上角和右下角的（x，y）坐标来绘制矩形。

你能解释一下输入这些参数与用海龟turtle画正方形有什么不同吗？

为了绘制摩天大楼，我们将使用与"用正方形做时装图案"类似的方法。然而，这次我们需要在网格中绘制矩形。矩形代表窗户。我们还需要在窗户之间留出空隙，以代表摩天大楼的结构。

嵌套的"for"循环

我们可以使用嵌套循环这个非常方便的编程概念来取代一次画一行然后向下移动的方式。嵌套循环意味着一个循环被放置在另一个循环中。

用伪代码写是这样的：

```
for i in range ( winW ):
        for j in range ( winH ):
                draw rectangle
```

在这个例子中，winW代表横向上窗户的数量，winH代表纵向上窗户的数量，如下面的图表所示。

	j = 0	j = 1	j = 2	j = 3	j = 4
i = 0	0	1	2	3	4
i = 1	5	6	7	8	9
i = 2	10	11	12	13	14
i = 3	15	16	17	18	19
i = 4	20	21	22	23	24

比例

比例是建筑设计图中重要的部分，它是数学与艺术之间的联系。它指的是设计图中不同元素的相对大小和比例。例如，窗户的宽与高的比例以及窗户之间的间隔决定了摩天大楼中窗户与建筑物的比例。如果我们改变了横向上窗户的数量或纵向上窗户的数量，我们将会得到不同的比例。

改变摩天大楼的窗户数量和窗户大小的比例，你会看到这对你的设计图的视觉效果的影响。

```python
from tkinter import *
def newSkyscraper():                                          # 尝试更改以下5个数字，然后重新运行程序来设计摩天大楼！
    winW = 10                                                 # 设置横向窗户的数量
    winH = 15                                                 # 设置纵向窗户的数量
    w = 15                                                     # 设置窗户的宽度
    h = 20                                                     # 设置窗户的高度
    gap = 2                                                    # 设置窗户之间的间隙

    myBuilding.create_rectangle(gap,gap,(winW+2)*gap+winW*w,(winH+2)*gap+winH*h,   # 画主建筑
                    outline="gray", fill="gray")              # startX（左），startY（上），finishX（右），finishY（下）
                                                              # 轮廓和填充使用的颜色

    for i in range(winW):                                     # 绘制窗户
        for j in range(winH):
            myBuilding.create_rectangle(((w+gap)*i+2*gap),    # startX（左上角的x坐标）
                        ((h+gap)*j+2*gap),                    # startY（左上角的y坐标）
                        ((w+gap)*i+(2*gap+w)),                # finishX（右上角的x坐标）
                        ((h+gap)*j+(2*gap+h)),                # finishY（右下角的y坐标）
                        outline="black",fill="white")         # 轮廓和填充使用的颜色
                                                              # 尝试使用不同的颜色，例如“blue”或“red”
    myBuilding.pack(fill=BOTH, expand=1)                      # 将所有矩形添加到画布中
""" Main Program """
root = Tk()                                                   # 设置tkinter
myBuilding = Canvas(root, width=500, height=500)              # 设置画布
root.title("Skyscraper")                                      # 设置窗口标题
myBuilding.pack()                                             # pack函数将所有内容添加到tkinter画布中

""" Draw Button """
button = Button(root, text="Draw Skyscraper", command=newSkyscraper)   # 创建一个用于绘制摩天大楼的按钮
button.pack()                                                 # 将它添加到画布中

root.mainloop()                                               # 启动主循环
```

试着改变代码中的5个变量（参见第34页）。

WinW　　# 横向窗户的数量

WinH　　# 纵向窗户的数量

W　　　 # 窗户的宽度

H　　　 # 窗户的高度

gap　　 # 窗户之间的间隙

改完变量之后试着再次运行你的程序。

祝贺你，你已经设计了你的第1座摩天大楼！

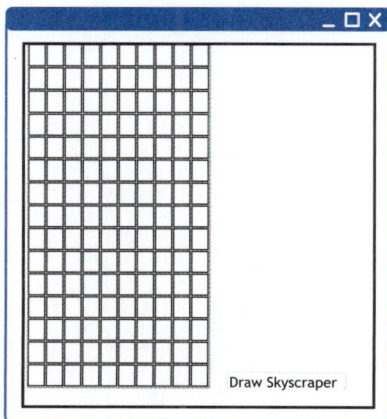

建立参数模型

为了设计摩天大楼而不断改变程序代码中的参数效率很低，我们可以添加标尺（也称滑块）使它变得更容易。标尺可以让我们在摩天大楼程序运行的时候选择不同的参数。

我们需要为 5 个变量分别制作标尺。一旦在程序中添加了标尺，用户就可以更新标尺的数字并按下"Draw Skyscraper"（绘制摩天大楼）按钮，然后代码将根据新的参数，自动重新绘制摩天大楼。

在建筑学中，这被称为"参数模型"。它是指有可改变的参数的模型。建筑模型代表的是正在设计的建筑大楼。它可能是画在屏幕上的一张图纸，也可能是用硬纸板做的一个实物的模型。一个参数就像一个变量，它允许我们向函数和程序传递信息或指令。它们对于数字信息（例如表示对象的大小）非常有用。在这个例子中，我们描述的是窗户的大小、数量以及窗户之间的空间大小。

现在让我们使用滑块创建一个参数模型来更新你的摩天大楼。

```
from tkinter import *
def newSkyscraper():
        winW = scaleWinW.get()                                    # 从标尺中获取横向上窗户的数量
        winH = scaleWinH.get()                                    # 从标尺中获取纵向上窗户的数量
        w = scaleW.get()                                          # 从标尺中获取窗户的宽度
        h = scaleH.get()                                          # 从标尺中获取窗户的高度
        gap = scaleGap.get()                                      # 从标尺中获取窗户之间间隙的大小
        myBuilding.delete("all")                                  # 这将在画新方块之前清空屏幕

                                                                  # 画主楼
        myBuilding.create_rectangle(gap,gap,(winW+2)*gap+winW*w,(winH+2)*gap+winH*h,    # startX（左）, startY（上）, finishX（右）, finishY（下）
                        outline="gray", fill="gray")              # 轮廓颜色和填充颜色

    for i in range(winW):                                         # 绘制窗户
            for j in range(winH):
                myBuilding.create_rectangle(((w+gap)*i+2*gap),    # startX（左）
                            ((h+gap)*j+2*gap),                    # startY（上）
                            ((w+gap)*i+(2*gap+w)),                # finishX（右）
                            ((h+gap)*j+(2*gap+h)),                # finishY（下）
                            outline="black",fill="white")         # 轮廓颜色和填充颜色
                                                                  # 尝试使用不同的颜色，例如 "blue" 或 "red"
                myBuilding.pack(fill=BOTH, expand=1)              # 将所有矩形添加到画布中
""" Main Program """
root = Tk()                                                       # 设置 tkinter
myBuilding = Canvas(root, width=500, height=500)                  # 设置画布
root.title("Skyscraper")                                          # 设置屏幕标题
myBuilding.pack()                                                 # pack 函数将所有内容添加到 tkinter 画布中

""" Draw Scales """
scaleWinW = Scale(root, from_=5, to=30, orient=HORIZONTAL, label=" Windows Wide")    # 为横向上窗户的数量创建一个标尺
scaleWinW.pack()                                                  # 将它添加到画布中
                                                                  # 提示：你可以为接下来的 4 个标尺复制以上 2 行，只需更改变量名称即可
scaleWinH = Scale(root, from_=5, to=30, orient=HORIZONTAL, label=" Windows High")    # 为纵向上窗户的数量创建一个标尺
scaleWinH.pack()                                                  # 将它添加到画布
scaleW = Scale(root, from_=5, to=30, orient=HORIZONTAL, label=" Window Width")       # 为窗户宽度创建一个标尺
scaleW.pack()                                                     # 将它添加到画布
scaleH = Scale(root, from_=5, to=30, orient=HORIZONTAL, label=" Window Height")      # 为窗户高度创建一个标尺
scaleH.pack()                                                     # 将它添加到画布中
scaleGap = Scale(root, from_=2, to=20, orient=HORIZONTAL, label=" Window Gap")       # 为窗户之间的间隙大小创建一个标尺
scaleGap.pack()                                                   # 你注意到 from_ 和 to 的较小数字了吗？

""" Draw Button """
button = Button(root, text="Draw Skyscraper", command=newSkyscraper)    # 创建一个用于绘制摩天大楼的按钮
button.pack()                                                     # 将它添加到画布中

root.mainloop()                                                   # 启动主循环
```

你还能改变你的摩天大楼的颜色吗？你还能想到什么其他的设计呢？

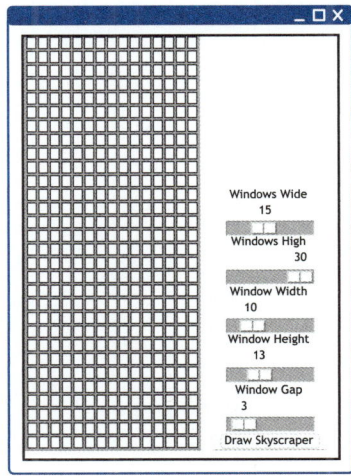

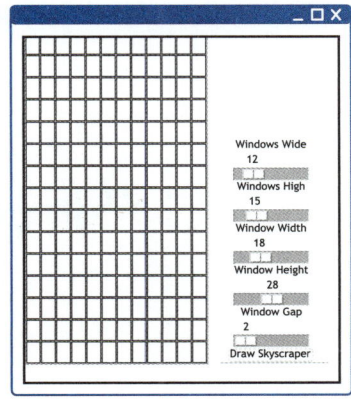

Windows Wide
15
Windows High
30
Window Width
10
Window Height
13
Window Gap
3
Draw Skyscraper

Windows Wide
12
Windows High
15
Window Width
18
Window Height
28
Window Gap
2
Draw Skyscraper

成为侦探

有了这项超级技能，你就可以测试自己的编码技能！作为侦探，你可以使用不同的密码创建和破译机密信息。像Python这样的编程语言一样对计算机可以使用和理解的信息进行编码。

侦探是什么？

侦探会辅助警方与罪犯斗智斗勇，就像夏洛克·福尔摩斯一样。他们常常需要像电影中那样破译与编写密信。你还知道哪些有名的侦探吗？

变量

侦探的其中一部分工作是伪装信息。编程语言有一个方便的用于伪装信息的工具。这就是变量，它们用来存储信息如数字、单词或列表。你可以把它们当作小抽屉的标签，用来描述你在里面所存储的东西。例如，如果你是一名侦探，并且拥有一只名叫Griffin的狗，你可以这样存储关于这只狗所有状况的标签。

把以下内容输入到IDLE窗口里：

```
name = "Griffin"      #"name"是一个变量
age = 2
color = "black"
magic words  = "eat", "sleep", "walk", "play"
tricks = "sit", "stay", "speak", "paw"
isHappy = True
```

在输入上述代码后，可以测试一下你的变量了。在IDLE中输入任何一个单词（如>>>age或>>>tricks），它将返回你储存在变量中的信息。

变量是有用的，特别是当你存储在其中的信息需要改变的时候。例如，如果Griffin刚刚过了生日，你可以输入：

```
age = 3  # 这一行把age变量从2改为3
```

我们也可以这样写：

```
age += 1  # 这一行让age加1
```

使用"="为变量赋值。

魔法单词

　　侦探使用的另一个技巧是彼此之间用密文来沟通。用密文代替常用的文字，这样有利于保密。例如，项目可以用一个密码来标识。

　　与人类语言不同，Python词汇实际上很少。我们称这些词汇是关键词。这些词对Python来说是有特殊意义的词，像侦探所使用的密码一样。这些魔法单词可以是如何定义一个函数或者是如何给出一条指令。这意味着我们不可以使用这些词作为变量名。

　　最好的例子是把Python想象成一条狗。它已经被训练得能听懂关键词。对于一条狗来说这些词可能会是"坐""装死"或"握手"等。当你不用关键词跟你的狗说话时，它只会很崇拜地看着你。

Python 的关键词

Flase class is
finally return None

continue   for   try
lambda   True def

from nonlocal while
and del global

not if as elif
with or yield assert

else import pass
break except in raise

这就是 Python，与狗不同，Python是完全被训练过的。Python会在你每次说"try"的时候尝试！

密码器

使用密码（或密码器）作为隐藏信息含义的手段可以追溯到古代。第一个已知的作为军事用途的密码是尤利乌斯·恺撒在公元前60年到公元前50年使用的。正因为如此，第一个密码器以他的名字命名。我们将使用纸张和代码来创建我们自己的恺撒密码，这是成为侦探的一部分。

恺撒密码

恺撒密码将字母表中的一定数量的字母移位以产生新的移位字母表。原来字母表中的每一个字母由它在新的移位字母表中对应的字母替换。恺撒密码规定字母表中的每一个字母将用其后面第3个位置的字母进行编码，例如"a"将被编码为"d"，"b"将被编码为"e"，"c"将被编码为"f"，等等。密码在字母表的末尾环绕，因此"x""y""z"将分别编码为"a""b"和"c"。

完整的字母映射表如下：

abcdefghijklmnopqrstuvwxyz
defghijklmnopqrstuvwxyzabc

让我们假设你最喜欢的数字是3，你使用3作为你的"密钥"，然后移动字母表3个位置，A变为D，B变为E，C变为F，等等。当到达字母表的末尾，简单地再从头开始，把X变成A，Y变成B和Z变成C。

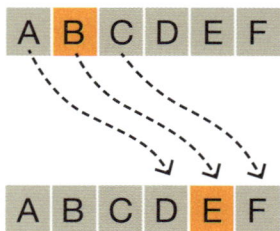

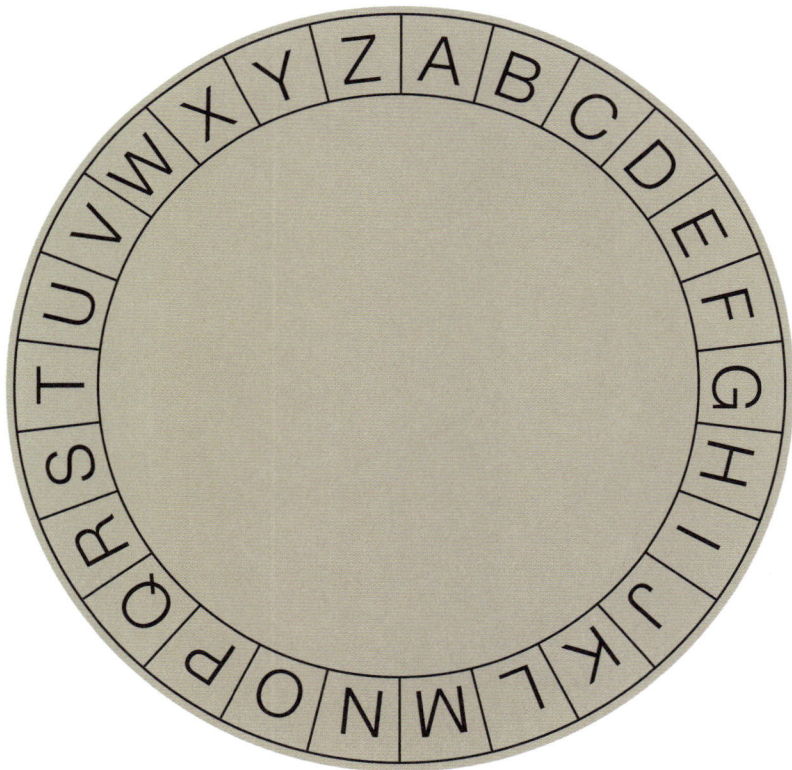

密码与代码

代码是可以理解和公开的。任何人都可以通过查找代码符号的意思来解码一个经过编码的信息。另一方面，密码器是为了方便于使用一个密钥或编码将明文转变成密文。

制作纸质的密码轮

让我们创建一个工具来练习明文、密文之间的加密和解密。为此我们将创造一个叫密码轮或密码盘的东西。

○ 复印第36页与第37页并剪下这两个圆圈。（不要直接从这本书上剪！）

○ 把小圆放在大圆的中心。

○ 将大头针穿过两个圆圈的中心以便你可以固定并旋转两个圆。

现在你有了一个用恺撒密码器创建秘密消息的工具！

加密消息

要加密一条秘密消息，首先让密码轮上A与A对应。

假设你想发送一条消息如〝Meet me at the white house in one hour〞。让我们使用密钥6。

○ 顺时针方向旋转外部圆圈6个位置，这样外圆上的字母A对应了内圆上的字母G。

○ 对于信息中的每个字母，先在外圆上找到它，然后写出它对应的内圆上的字母。

○ 因此，M变成S，E变成K，等等。

你的明文变成新的密文：

Skkz sk gz znk cnozk nuayk ot utk nuax – 6

消息中的〝6〞给了接收者一个来解密你的消息的密钥。恺撒密码的密钥只能是0到25。（密钥是0的时候密码轮不会转动，我们也不会使用它！）

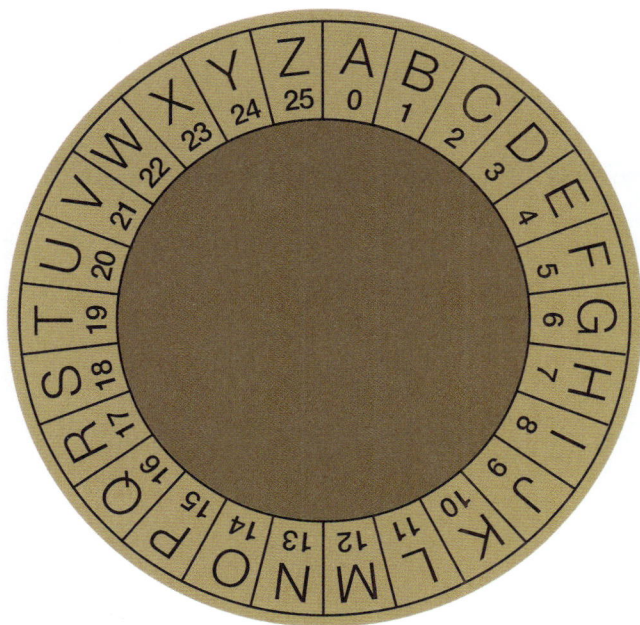

进一步练习

尝试解密这条消息：
DRO AESMU LBYGX PYH
TEWZC YFOB
DRO VKJI NYQC-10
正如你所看到的，如果你有一条长消息需要逐个手动解密，这将是非常冗长的工作。我们的编程技巧可以派上用场并轻松完成这项工作！

一个逃跑的侦探

现在，想象一下假设你是个侦探。你刚刚发现一颗丢失的钻石的位置，而这颗钻石非常重要。唯一的问题是，你现在正在逃跑——你不能让任何人知道你找到了钻石。不能相信任何人，你唯一的希望是与机构的负责人山姆沟通，以确保钻石和你自己的安全。创建一个程序使用恺撒密码器来编码和解码消息以便与山姆沟通！

编程恺撒密码器

以下是你需要知道的：

○ 密钥是1~25的整数。

○ 这个密码器可以转动A到Z的字母表（无论是顺时针还是逆时针）。

○ 编码将把每个字母替换成字母表中的下一个字母（到末尾Z之后从A开始）。

太好了！现在可以编码下面的消息发送给山姆：

I found the diamond it is in Antarctica send help

密钥2是把"HI"加密成"JK"
密钥20是把"HI"加密成"BC"

```
def caesar(t, k, decode = False):
        if decode: k = 26 - k

        return "".join([chr((ord(i) - 65 + k) % 26 + 65)
                for i in t.upper()
                if ord(i) >= 65 and ord(i) <= 90 ])

text = "The quick brown fox jumped over the lazy dogs"
key = 11

encr = caesar(text, key)
decr = caesar(encr, key, decode = True)

print (text)
print (encr)
print (decr)
```

```
#t是解码/编码的文本字符串
#k是密钥
# decode 变量是一个布尔值
# 检查你是否正在加密或者解密
# 如果decode为真，将密钥向前移动到26-密钥量
#（将其回到原来的位置）

# 字母变化背后的数学原理
# 遍历文本中的每个字母
# 检查字符是否是A和Z之间的某个字母
# 测试代码
# 更改文本和密钥，以测试不同的消息

# 输出：
# 原文本 = the quick brown fox jumped over the lazy dogs.
# 加密文本 = ESPBFTNVMCZHYQZIUFXAPOZGPCESPWLKJOZRD
# 解密文本 = THEQUICKBROWNFOXJUMPEDOVERTHELAZYDOGS
```

更先进的密码器

　　天哪！如果你的代码落入敌人手中，他们就可以解码这个简单密码。别担心，我们可以创建一个更为复杂的密码器来避免被解码。使用维吉尼亚密码器，我们将加入密码单词到密码器当中，而不是仅仅使用一个简单的数字。下面是它的运作方式。

　　维吉尼亚密码与恺撒密码相似，除了有多个密钥。维吉尼亚密码器中的密钥就像单词密码。这个单词密钥可以被分为多个子密钥。如果你使用的维吉尼亚密钥是"HELLO"，第1个子

密钥是"H"，第2个子密钥是"E"，第3和第4个子密钥都是"L"，第5个子密钥是"O"。然后你可以使用第1个密钥来加密明文的第1个字母，第2个密钥来加密第2个字母，以此类推。当到明文的第6个字母时，我们再回到用第1个密钥加密。

　　对于侦探和编程来说，编码信息是很重要的。现在你对如何编码和译码工作有了更好的了解，离掌握Python更近了一步。

试用以下的维吉尼亚编码程序：

```
from itertools import starmap, cycle
def encrypt(message, key):

    message = filter(str.isalpha, message.upper())        # 转换为大写

    def enc(c,k): return chr(((ord(k) + ord(c) - 2*ord('A')) % 26) + ord('A'))   # 去掉非字母字符

    return "".join(starmap(enc, zip(message, cycle(key))))   # 单字母加密

def decrypt(message, key):

    def dec(c,k): return chr(((ord(c) - ord(k) - 2*ord('A')) % 26) + ord('A'))   # 单字母解密

    return "".join(starmap(dec, zip(message, cycle(key))))

text = "Hello everyone, I love to code and am training to be a spy!"   # 测试代码
key = "VIGENERECIPHER"

encr = encrypt(text, key)
decr = decrypt(encr, key)

print (text)
print (encr)
print (decr)

# 输出：
# 信息 = hello everyone, I love to code and am training to be a spy
# 加密文本 = CMRPBIMITGDUIZGWBIGSTSFMPUHRHBXEVRZRIBDIIRNXE
# 解密文本 = HELLOEVERYONEILOVETOCODEANDAMTRAININGTOBEASPY
```

成为教师

在这个超级技巧中，我们将探讨如何在你的程序中使用文件。如你所想，教师必须要管理很多学生，并定期为学生们准备测验题目。有了这个技能，你将可以管理学生并能使用Python编写测验的程序。

从文件中读取

让我们从"从文件中读取"开始。对于这个示例，我们使用一个文本文件，该文件包含所有以字母B开头的不同动物的名字的列表。你可以从GitHub网站下载我们的文件，也可以打开一个文本编辑器文档，并以任意顺序键入你能想到的前10个名字。如果要从文件中读取，首先需要打开文件，然后使用"for"循环遍历文件的每一行。如下图所示。

```python
with open("b-animals.txt", mode="r", encoding="utf-8") as myFile:
    for line in myFile:
        print(line)
```

除了文件名外，"打开"还需要2个参数。第1个参数是模式，这决定了文件打开之后你可以用它做什么，主要有以下3种选择。

○ w——打开文件用于写入（如果文件已经存在，则删除所有现有内容）。

○ r——打开文件以供读取。

○ a——打开文件以向其追加数据（追加数据只会在文件的末尾添加更多的数据，不删除已经存在的数据）。

第2个参数是编码。这决定了字符将如何被编码（就像我们作为侦探那样）到计算机语言中。最好使用"utf-8"，因为它可以在使用Windows、Mac OS和Linux操作系统的计算机上工作（utf-8是字符编码，它使用8位元来表示字符）。

换行符

你可能会注意到，Python在两行文本中间会打印额外的一行。从文本文件中删除换行符（"\n"）的一个方便的技巧是从文件中"剥离"换行符。rstrip删除了字符串右侧的空格，lstrip删除了字符串左侧的空格，如下图所示。

```python
with open("B-Animals.txt", mode="r", encoding="utf-8") as myFile:
    for line in myFile:
        print(line.rstrip("\n"))
```

读取数据存进列表

　　既然我们已经从文件中读取了数据，那么将数据存储在列表中是很有用的，这样我们以后就可以使用它了（而不仅仅是将它打印到屏幕上）。这类似于创建一个新的变量，并且可以简单地用下面的代码来完成。

```python
with open("b-animals.txt", mode="r", encoding="utf-8") as myFile:
    animals = myFile.read().splitlines()
print(animals)
```

　　read( )方法读取整个文件，使用 splitlines 函数分隔文件的行，并从每行末尾删除换行符。一旦行被分隔开，它们就会被存为列表。

写入文件

　　接下来，我们将要学习如何写入文件。仿照我们刚刚使用的 read( )方法，现在我们将简单地使用 write( )方法。要将信息写入文件，首先需要打开该文件，然后使用 write( )方法对其进行写入。如果你写入的文件不存在，Python 将创建一个新的 .txt 文件，然后将信息写入新文件。

```python
animals = ["badger", "buffalo","bear"]
with open("newAnimals.txt", mode="w",encoding="utf-8") as myFile:
    for animal in animals:
        myFile.write(animal+"\n")
```

冒泡排序

　　作为一名教师，你需要把人名按字母顺序排列。现在，你可以轻松地读取和写入文本文件了。你可以从文件中读取内容，使用名为"气泡排序"的简单算法对姓名列表进行排序，然后将新排序的列表写入文件。

```python
def bubbleSort(unsorted):
    noSwaps = True
    while noSwaps:
        noSwaps = False
        for item in range(0,len(unsorted)-1):
            if unsorted[item] > unsorted[item+1]:
                temp = unsorted[item+1]
                unsorted[item+1] = unsorted[item]
                unsorted[item] = temp
                noSwaps = True
with open("studentsUnsorted.txt",mode="r",encoding="utf-8") as myFile:
    students = myFile.read().splitlines()

bubbleSort(students)

with open("studentsSorted.txt",mode="w",encoding="utf-8") as myFile:
    for student in students:
        myFile.write(student+"\n")
```

教师的测验

让我们编写一个程序来测试学生对 Python 知识的理解！为了做到这一点，我们将使用一些在前面章节学到的东西，同时也可以复习巩固我们自己的知识。

到目前为止，我们已经使用过文本文件。另一种对存储和读取简单数据非常有用的文件类型是 CSV 文件。CSV 文件格式用于存储列表数据，例如电子表格或数据库，但也可以很容易地在文本文档中读取。

规划测验程序代码

- 从询问学生的名字开始，这样我们就知道都有谁参加考试了。
- 这些问题连同答案一起存储在 CSV 文件中。
- 打开包含问题和答案的 CSV 文件。
- 每次问学生一个问题。

- 记录学生的答案并告诉他们是对的还是错的。如果他们答错了，你也可以通过程序告诉他们正确的答案。
- 最后，你可以告诉学生他们的分数，并把他们的名字和分数记录在班级档案里。
- 测试将在 IDLE 窗口运行，用户可以在其中输入答案。

CSV 表示逗号分隔的值，其中的每个数据段用逗号分隔。所以小心不要在你存储在 CSV 文件中的数据里使用逗号！例如，如果你把下面这个句子存储在 CSV 文件中：《Python 是编程中使用的语言，它也是一种爬行动物的名字》，它不会被存储为单个字段，而会被存储为 2 个单独的字段。

嗯……

CSV代表什么？

逗号分隔值！

```
import csv, random                                               # askName 函数：返回学生的姓名
def askName():
    print("Welcome to the Super Python Quiz!")
    yourName = input("What is your name? ")
    print ("Hello",str(yourName))
    return yourName

def getQuestions():                                              # getQuestions 函数：从 CSV 文件中读取问题
    questions = []                                               # 创建一个用于添加问题的空列表
    with open("SuperPythonQuiz.csv", mode="r", encoding="utf-8") as myFile:
    myQuiz = csv.reader(myFile)
    for row in myQuiz:
        questions.append(row)
    return questions

def askQuestion(question,score):                                 # askQuestion 函数：将问题和选项打印到屏幕然后检查答案
    print(question[0])                                           # 输出问题 - 这是在行的 [0] 位置
    for eachChoice in question[1:-1]:                            # 输出从 [1] 到最后位置 [-1] 的每个选项
        print("{0:>5}{1}".format("", eachChoice))
    answer = input("Please select an answer: ")                 # 得到学生的答案
    if answer == question[-1]:                                   # 检查答案是否与问题中的最后一个位置匹配，答案是否正确
        print("Correct!")                                        # 如果正确，告诉用户并把分数 +1
        score += 1
    else:                                                        # 如果不正确，告诉用户正确答案是什么
        print("Incorrect, the correct answer was {0}.".format(question[-1]))
    return score                                                 # 返回分数

def recordScore(studentName, score):                            # 注意 'a' 后面的 '+' 表示：文件如果不存在，那么就创建它
    with open("QuizResults.txt", mode="a+",encoding="utf-8") as myFile:  # 将名字和分数，写到文件里去
        myFile.write(str(studentName) + "," + str(score) + "\n")         # '\n' 将为程序换行，以便为下一个名称做好准备

def main():
    studentName = askName()                                      # 调用 askName 函数
    questions = getQuestions()                                   # 调用 getQuestions 函数
    score = 0                                                    # 将分数初始化为 0

    number = len(questions)                                      # 使用 number 来跟踪问题总数量——这是「问题」列表的长度
    for eachQuestion in range(number):                           # 重复每个问题
        question = random.choice(questions)                      # 从问题列表中选择一个随机问题
        score = askQuestion(question,score)                      # 提出问题并更新分数
        questions.remove(question)                               # 从列表中删除当前问题，这样就不会再问它了
    print("Your final score is:", score, "out of:", number)      # 告诉用户他们的最终得分是多少
    recordScore(studentName, score)                              # 调用 recordScore 函数

main()
```

数据类型

你可能已经注意到，当我们写入学生文档时，我们使用了"str( )"函数。此函数可以将圆括号内的任何内容转换为字符串。字符串由一串字符组成——这就是文本文件所包含的内容。我们必须使用它将分数写入文档，因为分数是整数。

这些值，如学生姓名、分数和我们在程序中使用的其他变量，是已知的数据类型。

o str 类型：字符串——引号内的任何内容都是字符串

o int 类型：整数

```
Python 3.5.2 (v3.5.2:4def2a2901a5, Jun 26 2016, 10:47:25)
[GCC 4.2.1 (Apple Inc. build 5666) (dot 3)] on darwin
Type "copyright", "credits" or "license()" for more information.
>>> type("Hello world")
<class 'str'>
>>> type(7)
<class 'int'>
>>> type(3.14)
<class 'float'>
>>>
```

o float 类型：浮点数（有小数点的数字，如3.14）

如果你不确定值的类型，Python 解释器可以告诉你！

成为音乐家

和许多其他行业一样，音乐产业正在被技术改变，从教你演奏乐器的数字合成器和软件，到基于一套规则编写音乐的算法。在这个超级技巧中，我们将首先学习如何将声音添加到我们的程序当中。我们还将开始学习使用图形图像，并最终创建我们自己的数字音频播放器来播放和创作音乐。

电子和数字音乐技术是指音乐家、作曲家、音响工程师、DJ或唱片制作人使用计算机、电子特效设备、软件或数字音频设备来制作、表演或录制音乐。

音乐技术与艺术创作和技术创造都有联系。音乐家和音乐技术专家正试图通过音乐创造新的表达方式，为此他们正在创造新的设备和软件。

声音

我们将创建我们自己的音频播放器程序。音频播放器是存储和播放不同的声音片段（录制的短声音或音符）和音频片段（如录音或歌曲）的计算机程序。音频播放器最棒的地方在于，它可以在没有iTunes、QuickTime、Windows媒体播放器或CD播放器等媒体播放器的情况下自己播放存储的声音。

为了使用声音和图像创建我们自己的音频播放器程序，我们首先需要安装一个名为Pygame的库来帮助我们。

TwistedWave网站是一个很酷的可以记录或编辑任何音频文件的网站。

小贴士

关于如何下载和安装用于苹果电脑或使用Windows操作系统的计算机的Pygame的指南可查阅相关网站。

安装 Pygame

Pygame 是一个跨平台的库，它可以在不同的操作系统上使用，如 Windows 或 Mac OS 操作系统。它甚至内置在树莓派的系统中！Pygame 的目的是使编写多媒体软件变得更容易，例如用 Python 编写游戏。

你可能还记得 Python 有自己的模块库，比如 Turtle。通过安装 Pygame，你将添加第 2 个库来和 Python 一起工作，并且你将拥有更多有用的模块。Pygame 特别适合使用声音和图像，这对于成为音乐家这个超级技能来说是完美的。

让我们从下载和安装 Pygame 开始。

o 选择适合你的操作系统（Windows、Mac OS 或 Linux）的源。

o 下载安装文件并打开。

o 继续在计算机上安装 Pygame 软件。如果需要帮助，请参阅 Pygame 官方网站。

o 你不能从 IDLE 直接安装 Pygame，而需要使用终端（或命令提示符）从命令行运行安装。Pygame 正确安装后，你可以再次使用 IDLE。

从命令行打开你的 Python 脚本

要使用命令行给出指令，我们可以像在 IDLE 中那样简单地输入指令，但是这次我们要使用终端（在苹果电脑中）或命令提示符（在使用 Windows 操作系统的计算机中）。程序员使用命令行，因为它是直接与计算机的操作系统通信的最简单的方法。这意味着你没有通过另一个程序和你的计算机对话（参见第 13 页以复习我们所学习的关于 CPU 的内容）。

在苹果电脑或使用 Windows 操作系统的计算机上使用命令提示符打开计算机上的命令行。

输入以下指令。

```
python3
>>> import pygame
```

你可以看到如下图所示。

```
>>>
```

如果你做到了，那么恭喜你！你已经成功安装了 Pygame。

现在试着打开你写的第 1 个程序：HelloWorld.py。输入以下指令。

```
python3 : Python/HelloWorld.py
```

小贴士

为了让它发挥作用，你的 HelloWorld.py 程序必须保存在主文件（使用 Windows 操作系统的计算机的 C 盘或苹果电脑上的用户文件夹）下，下一个程序结束后，我们将进一步研究文件夹。

声音

　　为了给我们的程序增加声音，我们首先需要找到一个声音。你可以使用GitHub中的声音，也可以从网络上找到你需要的声音。

　　声音文件有许多不同的文件类型。文件后的扩展名可以告诉你正在下载的是什么类型的文件。下面是一些例子。

○ mySound.wav：.wav是波形音频文件的简称。wav文件通常比其他文件大，因为大多数都是未压缩的。

○ mySound.mp3：.mp3是一种非常流行的文件格式，它可以存储小尺寸的声音文件。大多数能播放声音的数字设备都能读取和播放mp3文件。

○ mySound.ogg：以.ogg文件格式创建的声音比以其他压缩文件格式创建的声音质量更好。对于Pygame，.ogg文件是最可靠的。

压缩 vs 未压缩

　　把一个.wav文件想象成一个装满了一百万个气球的房间——这是一个未压缩的文件。现在想象一下，如果你把气球里的空气抽出来，然后把它们装进一个小盒子里——这就是一个压缩文件，比如.mp3或.ogg文件。.ogg文件很擅长把气球里的空气抽出来的同时，让它们依旧像是气球！

　　让我们编写第1个Pygame程序。在此代码生效之前，需要下载whirl.ogg文件或选用你自己的一个文件，并在代码中替换该文件的名称。

```
import pygame                                          # 加载所有Pygame资源
pygame.init()                                          # 初始化Pygame
screen = pygame.display.set_mode([400, 400])           # 将屏幕大小设置为400×400像素——尝试更改这些数字并看着其更新效果
pygame.display.set_caption('Super Skills')             # 将屏幕的标题设置为你喜欢的任何内容，我们称之为'Super Skills'
click_sound = pygame.mixer.Sound("whirl.ogg")          # 命名你的声音并加载到文件中——你可以称之为'click_sound'或者其他任何名字
soundboard = True                                      # 这是一个布尔值（True/False），它告诉我们的程序继续——它也可以命名为任何东西
while soundboard:
    for event in pygame.event.get():                   # 这是程序的主要事件循环。它会捕获将发生的任何事件
        if event.type == pygame.QUIT:                  # 如果用户退出程序，告诉程序停止
            soundboard = False
        elif event.type == pygame.MOUSEBUTTONDOWN:     # 如果用户单击鼠标……
            click_sound.play()                         # 播放已加载的声音
print ("Goodbye Soundboard!")                          # 退出时输出到IDLE屏幕
pygame.quit()                                          # 退出Pygame
```

　　运行你的代码后，单击即播放声音！

版权

只使用开源的声音是很重要的，你不应该使用有版权的音乐来测试你的代码。如果你制作的视频背景中应用到了版权歌曲，一些视频网站也会将其标记为侵犯版权，并要求你将其删除。

文件夹

当你保存文件时（如 simple-sound.py），确保它与你正在使用的声音在同一个文件夹中。在这个例子中，你使用的是 whirl.ogg。

你现在编写的程序只涉及一个文件。但是，随着你的程序变得更加复杂，特别是在你添加了声音、图像和更多的功能后，将这些文件组织到一个文件夹中将是很重要的。为了保持整洁，最好为你创建的每个程序建一个新的文件夹。

当你从 Python 程序中调用一个文件（比如刚才使用的 whirl.ogg 文件）时，Python 将自动在保存 Python 程序的同一个文件夹中检查该文件。如果要调用的文件位于不同的文件夹中，则必须通过更改文件目录来告诉 Python 要查看哪个文件夹。

例如：

click_sound = pygame.mixer.Sound("/Users/elizabethtweedale/Python/sounds/whirl.ogg")

现在，声音在"sounds"文件夹里面。

```python
import pygame                                            # 加载所有 Pygame 资源
pygame.init()                                            # 初始化 Pygame
screen = pygame.display.set_mode([400, 400])             # 将屏幕大小设置为 400×400 像素——尝试更改这些数字并查看其更新方式
pygame.display.set_caption('Super Skills')               # 将屏幕的标题设置为你喜欢的任何内容，我们称之为 'Super Skills'
mouse_sound = pygame.mixer.Sound("whirl.ogg")            # 标记你的声音并加载到文件中——你可以称之为 'click_sound' 或者其他任何你喜欢的东西
key_sound = pygame.mixer.Sound("blip.ogg")               # 新的一行！标记并加载另一个声音为按其他键
soundboard = True                                        # 这是一个布尔值（True/False），它告诉我们的程序继续运行——它也可以命名为任何东西
while soundboard:
    for event in pygame.event.get():                     # 这是程序的主要事件循环——它会捕获将发生的任何事件
        if event.type == pygame.QUIT:                    # 如果用户选择退出程序，告诉程序停止
            soundboard = False
        elif event.type == pygame.MOUSEBUTTONDOWN:       # 如果用户单击鼠标……
            mouse_sound.play()                           # 播放加载的声音
        elif event.type == pygame.KEYDOWN:               # 新的一行！如果用户按任意键
            key_sound.play()                             # 新的一行！播放用于按其他键加载的声音
print ("Goodbye Soundboard!")                            # 退出时输出到 IDLE 屏幕
pygame.quit()                                            # 退出 Pygame
```

请记住为每个项目创建一个新文件夹。在本例中，我们将文件夹命名为"sounds"。"sounds"文件夹位于"elizabethtweedale"文件夹中——

"elizabethtweedale"是本书作者的用户名。你的文件夹将使用你自己的用户名！

图像

我们现在将一个图像添加到我们的音频播放器。我们会发现添加图像就像添加声音一样。你可以使用GitHub中的图片，也可以从相关网站中找到你要用的图片。

在本例中，我们将编写一个程序，如果我们单击图像的左半部将开始播放声音，如果我们单击图像的右半部，则停止播放。

我们现在使用Pygame中的5个模块：

1. pygame.display：这个模块会处理GUI窗口在程序中的外观。

2. pygame.mixer：我们用这个模块来处理我们的声音功能。

3. pygame.image：这个模块提供了我们需要的所有图片功能。

4. pygame.event：这个模块告诉我们像移动和单击这样的事件何时在程序中发生。

5. pygame.mouse：在这个例子中，这个模块告诉我们鼠标在屏幕上的位置。

在IDLE文件中任何输入内容后面再输入一个"."，就会出现一个建议列表。这是每个模块中包含的功能。

```python
import pygame
pygame.init()                                                    # 初始化Pygame

screen = pygame.display.set_mode([800, 600])                     # 将屏幕大小设置为800×600像素——它应该与图片大小相同！
pygame.display.set_caption('Super Skills')                       # 设置屏幕的标题——这个被称为 'Super Skills'

click_sound = pygame.mixer.Sound("whirl.ogg")                    # 标记声音并加载到文件中——例如可以将其称为 "click_sound"

background_position = [0, 0]                                      # 设置背景左上角开始的位置，即 [0,0]
background_image = pygame.image.load("lion.jpg").convert()       # 命名图像并加载到文件中——例如可以调用 'background_image'

soundboard = True                                                # 这是一个布尔值（True/False），它将告诉我们程序是否继续运行

while soundboard:                                                # 这是程序的主要事件循环，它捕获将发生的任何事件
    for event in pygame.event.get():
        if event.type == pygame.QUIT:                            # 如果用户退出程序，告诉程序停止
            soundboard = False
        elif event.type == pygame.MOUSEBUTTONDOWN:               # 如果用户单击鼠标……
            player_position = pygame.mouse.get_pos()             # 找到鼠标的位置
            x = player_position[0]                               # 返回"x"坐标（屏幕从左到右/水平轴）
                                                                 # y = player_position [1] # 这是我们可以用来返回"y"坐标的代码
            if x < 400:                                          # 如果"x"位于图片的左半部分
                click_sound.play()                               # 播放加载的声音
                print ('Left Side Click', x)                     # 将位置输出到控制台（只是测试——我们实际上并不需要这行代码）
            else:                                                # 否则如果"x"在图片的右半部分，则停止声音
                click_sound.stop()
                print ('Right Side Click', x)                    # 再次输出位置作为测试

    screen.blit(background_image, background_position)           # 设置背景图像并说明它的位置
    pygame.display.flip()                                        # 翻转屏幕以绘制背景

pygame.quit()
```

你可以在Python和Pygame在线的文档中找到函数列表。这对于如何调用每个函数——无论它们是作为输入的内容还是调用它们可以返回给你的信息——都很方便。

更复杂的音频播放器

　　既然你已经制作了一个基本的可以实现你单击屏幕的某个部分播放一种声音的要求的音频播放器，下面就让我们探索如何制作一个更复杂的音频播放器。该音频播放器可以根据单击的位置或按下哪个按钮来播放不同的声音。

　　对于这个程序，你需要下载更多的声音文件。你还可以选择一个新图像，例如钢琴图片、具有4个不同坐标的照片或你喜欢的图像。

```
Python 3.5.2 (v3.5.2:4def2a2901a5, Jun 26 2016, 10:47:25)
[GCC 4.2.1 (Apple Inc. build 5666) (dot 3)] on darwin
Type "copyright", "credits" or "license()" for more information.
>>>
=== RESTART: /Users/elizabethtweedale/Documents/pygame-soundboard-lion.py ===
Left Side Click 178
Left Side Click 250
Right Side Click 622
Right Side Click 733
Right Side Click 446
Left Side Click 4
Right Side Click
=== RESTART: /Users/elizabethtweedale/Documents/pygame-art-soundboard-lion.py ===
Top Left Click 248    42
Top Right Click 692    112
Bottom Left Click 181    313
Bottom Right Click 617    353
Top Left Click 235    56
Top Right Click 609    70
Bottom Left Click 237    255
Bottom Right Click 773    381
Bottom Right Click 401    411
Top Left Click 175    68
Top Right Click 698    72
Bottom Right Click 737    369
Bottom Left Click 280    407
>>>
```

```python
import pygame
pygame.init()

screen = pygame.display.set_mode([800, 500])
pygame.display.set_caption('Super Skills Art Soundboard')

top_left_sound = pygame.mixer.Sound("whirl.ogg")
bottom_left_sound = pygame.mixer.Sound("blip.ogg")
top_right_sound = pygame.mixer.Sound("charm.ogg")
bottom_right_sound = pygame.mixer.Sound("sleep.ogg")

background_position = [0, 0]
background_image = pygame.image.load("art.jpg").convert()

soundboard_end = False                                        # 注意这与我们之前所做的相反

while not soundboard_end:                                     # 现在我们的程序的while循环说的是：当程序还没有结束的时候：
    for event in pygame.event.get():
        if event.type == pygame.QUIT:
            soundboard_end = True                             # 比起将True更改为False，我们应该将False更改为True
        elif event.type == pygame.MOUSEBUTTONDOWN:
            player_position = pygame.mouse.get_pos()
            x = player_position[0]                            # 这给了我们鼠标单击的 "x" 位置
            y = player_position[1]                            # 这给了我们鼠标单击的 "y" 位置
            if x < 400:                                       # 左边
                if y < 250:                                   # 上面
                    top_left_sound.play()                     # 播放左上角的声音
                    print ('Top Left Click', x , y)
                else:                                         # 下面
                    bottom_left_sound.play()                  # 播放左下角的声音
                    print ('Bottom Left Click', x , y)
            else:                                             # 右边
                if y < 250:                                   # 上面
                    top_right_sound.play()                    # 播放右上角的声音
                    print ('Top Right Click', x , y)
                else:                                         # 下面
                    bottom_right_sound.play()                 # 播放右下角的声音
                    print ('Bottom Right Click', x , y)

    screen.blit(background_image, background_position)
    pygame.display.flip()

pygame.quit()
```

成为电子游戏设计师

创建一个电子游戏，主要有两方面需要了解：游戏是如何设计的以及游戏是如何编程的。在这项超级技能中，你将学到这两方面的知识。

要开始设计游戏，让我们从以下4个要素开始。

1. **玩家**：哪个角色是玩家，它是如何移动的？

2. **场景**：玩家在哪里？场景改变了吗？

3. **目标**：玩家想要做什么？

4. **互动**：有什么样的东西或角色与玩家互动？有敌人吗？玩家收集的东西是什么？

在我们的上一项超级技能中，我们学会了如何使用Pygame加载图像以及令其对鼠标事件做出反应并播放声音。我们现在可以用这个技能开始设计我们的第1个游戏。

1. **玩家**：一个可以上下左右移动的小机器人。

2. **场景**：电路板。

3. **目标**：

   ○ 金甲虫随机出现在电路板上。

   ○ 机器人将在60秒内收集尽可能多的金甲虫。

   ○ 敌方机器人试图抓住这个小机器人，阻止它偷金甲虫。

   ○ 如果敌方机器人抓住了这个小机器人，游戏就结束了。

首先，我们将创建一个小机器人玩家，我们让它通过按箭头键在屏幕上移动，当它到达屏幕的边缘，将播放一个声音。

让我们看看我们将要编写的代码的结构。它是这样的。

○ 在程序开始时，我们将首先导入我们需要的所有库。

○ 接下来我们需要编写设置代码。

○ 我们将加载图像和声音等文件。

○ 我们需要定义将在程序中使用的任何变量。

○ 最后，将开始Pygame的"event"（事件）循环。

现在让我们看一看"event"循环。在组织代码时，有几个主要部分要考虑。

○ **事件处理**——跟踪游戏中发生的每一个事件，并确定每一个事件发生时我们应该做什么。

○ **游戏逻辑**——这将是编写游戏规则的依据。

○ **绘制代码**——绘制所有图像和形状的地方。

○ **更新时钟**——告诉游戏时钟保持计时。

○ **翻转显示**——写代码就像在纸的背面画画。翻转过来你会看到图像！

伪代码

　　程序员编写的特定指令被称为算法。在正式编写程序之前用介于自然语言与计算机语言之间的伪代码，先描述一遍算法是一种很有用的方法。它可以用任何语言编写，有点像人们说话的方式，又尽可能地接近实际的编程语言。例如，在编写伪代码时，使用诸如"if……then……else"和循环的编码样式是有帮助的。对伪代码的不同部分进行缩进也是必要的，可以帮助你在继续编写代码时了解代码的外观。伪代码基本上是你如何说话和如何编码的混合，所以这是在编写程序之前很有用的提纲。

　　下面是伪代码的样子。

```
Import:
    pygame
Set up code:
    Set up pygame
    Set up Clock
        Set up the Screen & label it
Load files:
    Background Image
    Player Image
    Sound

Set player position - x,y

Start pygame loop:
    Event processing:
        If player quits, exit pygame loop
        If player pushes a key
            If LEFT key, move player left (subtract 20 from x)
            If RIGHT key, move player right (add 20 to x)
            If UP key, move player up (subtract 20 from y)
            If DOWN key, move player down (add 20 to y)
    Game logic:
        If the player is at the edge of the screen,
            then play sound.
    Drawing:
        Draw Background
        Draw Player
    Update Clock
    Flip Display
If exited from pygame loop, quit.
```

我们将为玩家加载一个图像，可能需要调整图像大小，使其足够小以适应你的游戏。可以使用简单的绘图程序完成此操作。

我们通过更改事件监听器（event listener），来对特定键进行响应，而不是对鼠标按钮进行响应。

重要的是要注意它们的顺序。把你画在屏幕上的每一件东西都想象成一张纸。如果先将小机器人玩家放下，然后再放下背景图像，就看不到小机器人了！

既然我们已经编写了伪代码，那么编写真正的代码就快多了，以下是完整程序。

```
import pygame

" SET UP CODE HERE "
pygame.init()                                          # 初始化 pygame
myClock = pygame.time.Clock()                          # 开始计时（时钟）

myScreen = pygame.display.set_mode([1000, 625])        # 设置屏幕
pygame.display.set_caption('Robot Bounce')             # 设置标题

myBackground = pygame.image.load('circuits.png').convert()   # 载入背景

myPlayer = pygame.image.load('robot.png').convert()    # 载入玩家
myPlayer.set_colorkey((0,0,0))

mySound = pygame.mixer.Sound('laser.ogg')              # 载入声音

playerX = 500                                          # 设置玩家(player)的X位置
playerY = 300                                          # 设置玩家(Player)的Y位置

done = False                                           # 主循环
while not done:
    " EVENT PROCESSING HERE "
    for event in pygame.event.get():
        if event.type == pygame.QUIT:
            done = True
        elif event.type == pygame.KEYDOWN:
            if event.key == pygame.K_LEFT:
                playerX -= 20
            if event.key == pygame.K_RIGHT:
                playerX += 20
            if event.key == pygame.K_UP:
                playerY -= 20
            if event.key == pygame.K_DOWN:
                playerY += 20

    " GAME LOGIC HERE "

    if playerX <= 0 or playerX >= 1000 or playerY <= 0 or playerY >= 625:
        mySound.play()                                 # 播放声音

    " DRAWING CODE HERE "
    myScreen.blit(myBackground,[0,0])                  # 画出背景
    myScreen.blit(myPlayer, [playerX-30, playerY-50])  # 画出玩家

    myClock.tick(60)                                   # 画面频率，每秒60次
    pygame.display.flip()                              # 翻转显示

pygame.quit()
```

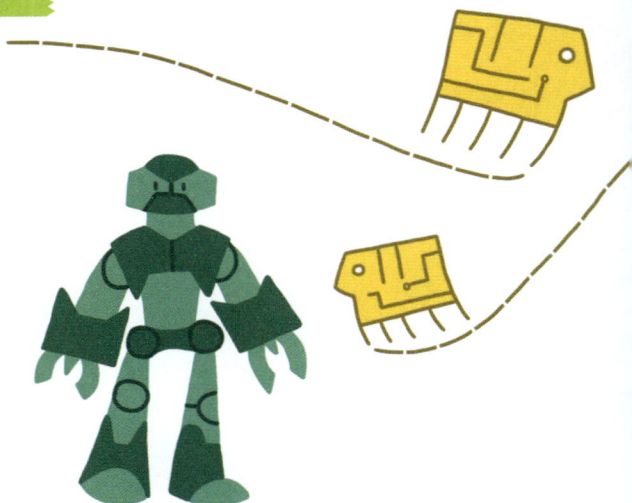

坐标和像素

在设计游戏时，坐标和像素变得尤为重要。当你进行设计的时候，把它们的尺寸画出来是很有帮助的。例如：如果你的背景图像是1000像素×625像素，画一个1000像素×625像素的矩形。如果你的玩家图像是60像素×90像素，画一个60像素×90像素的机器人。

小机器人有60像素宽，90像素高

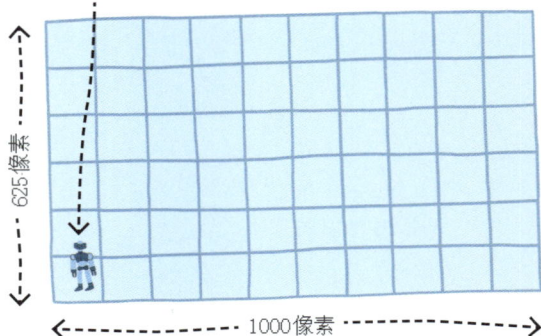

625像素

1000像素

当Pygame将这些图像放在屏幕上时，它总是从左上角开始。

```
myScreen.blit(myBackground,[0,0])
```

为了在背景图像中间绘制玩家，需要从x坐标和y坐标中减去一半宽度和一半高度。

```
myScreen.blit(myPlayer, [playerX-30, playerY-45])
```

添加更多的游戏元素

参考第56页至第57页的完整代码，检查插入游戏元素的位置。

添加金甲虫

首先，我们将在屏幕上的一个随机位置画一个椭圆（这是我们的金甲虫）。然后，当玩家接触它时，我们将改变金甲虫的位置，看起来就像玩家已经收集了它。

每次玩家碰到金甲虫时，金甲虫的位置都会改变，我们创建一个函数来不断更新金甲虫的位置，使它随机出现。newPosition( )函数将返回一个随机的（x，y）坐标值。将它添加到你的设置代码之上，因为它是一个新的定义。

```
def newPosition():                  # 定义一个函数，返回一个新的（x，y）位置
    randomX = randint(0,1000)        #找到左右边缘之间的随机整数
    randomY = randint(0,625)         #在顶部和底部边缘之间找到一个随机整数
    return (randomX, randomY)        #返回随机的x坐标和y坐标
```

若要添加金甲虫，请在设置代码中添加右图中的代码。

```
myBug = newPosition()        # 创建一个新的金甲虫的位置
GOLD = (255,200,0)           # 定义金色（GOLD）
```

在游戏逻辑中，添加右图中的代码。

```
if playerX <= (myBug[0]+30) and playerX >= (myBug[0]-30):
    if playerY <= (myBug[1]+50) and playerY >= (myBug[1]-50):
    mySound.play()
    myBug = newPosition()
```

除了图片，我们还可以用Pygame来绘制形状，就像我们用turtle模块绘图一样。这段代码在屏幕上画了一个椭圆，包括颜色、位置（x坐标、y坐标）和你定义的椭圆的大小（短半轴和长半轴）。

在绘制代码中，添加右图中的代码。

```
pygame.draw.ellipse(myScreen,GOLD,(myBug[0],myBug[1],10,20)
```

添加分数

要添加分数，首先需要创建一个名为"score"的变量，初始值是0，然后每次玩家捕捉到一只金甲虫，分数增加1分。在设置代码中，添加以下代码。

```
score = 0          #将分数设置为0
```

在游戏逻辑中，在两个"if"语句中，添加以下代码。

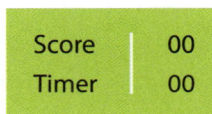

| Score | 00 |
| Timer | 00 |

```
score += 1; print ('Score:',score)    # score变量加1
```

添加计时器

对于倒计时计时器，我们可以使用Pygame计时器。创建一个名为"Time"的新变量，将其初始值设置为60并每秒减1。

在设置代码中，添加以下代码。

```
pygame.time.set_timer(pygame.USEREVENT, 1000)
time = 60              # 时间设置为60秒倒计时
```

还可以在事件处理中更新代码。

```
elif event.type == pygame.KEYDOWN and time > 0:
# time > 0 可以保证时间还没用完
```

这将使得玩家只能在时间大于0的情况下移动，并在事件处理中添加这一点。

```
elif event.type == pygame.USEREVENT:
    if time > 0:
        time -= 1    # time-=: 会让time变量每秒减少1，
                        直到变成0为止
```

写入屏幕

让你的游戏屏幕显示一些文字是很有帮助的，这样玩家就可以看到分数和倒计时等内容。我们称之为"写入屏幕"。

要向屏幕写入内容，我们将首先设置要使用的字体样式，包括字体的大小、粗细和字体的颜色。

在设置代码中，添加以下代码。

```
myFont = pygame.font.SysFont("monospace", 30)
```

这里，monospace是字体，30是大小。

在游戏逻辑中，添加以下代码。

```
myTextScore = myFont.render(("Score: " + str(score)), 1, GOLD)   # 画出分数的文字
myTextTime = myFont.render(("Time: " + str(time)), 1, GOLD)      # 画出时间的文字
```

在绘图代码中，添加以下代码。

```
myScreen.blit(myTextScore, (50, 50))       # 分数文字的位置在 (50, 50)

myScreen.blit(myTextTime, (50, 100))       # 时间文字的位置在 (50, 100)，也就是在分数
                                              文字的下面50个像素
```

添加敌人

游戏岂能没有敌人！让我们添加一个敌方机器人，它将试图抓住玩家的小机器人。如果敌人抓住了小机器人，游戏就结束了。我们还可以增加一种特殊的移动，使敌人每5秒跳到一个新的随机地点。首先，添加一个新的定义，让敌人跟随玩家。我们甚至可以告诉它移动的速度（根据每次屏幕更新时它移动的像素数）。

```
def followPlayer(e,p,s):          # e = 敌人的位置，p = 玩家的位置，s = 速度
    x,y = e[0],e[1]
    if e[0] < p [0]:
        x = (e[0] + s)
    else: x = (e[0] - s)
    if e[1] < p [1]:
        y = (e[1] + s)
    else: y = (e[1] - s)
    return (x, y)
```

在设置代码里，添加以下代码。

```
myEnemy = pygame.image.load('enemy.png')      # 载入敌人
myEnemy.set_colorkey((0,0,0))
enemyPos = newPosition()                       # 创建一个新的敌人的位置
```

在事件处理中，在"USEREVENT if"语句中，添加以下代码。

```
if time%5 == 0:                    # 每5秒移动敌人一次
    enemyPos = newPosition()
```

在游戏逻辑中，添加以下代码。

```
# 如果玩家的位置与敌人的位置相同，时间改为0（游戏结束）
if playerX <= (enemyPos[0]+60) and playerX >= (enemyPos[0]-60):
    if playerY <= (enemyPos[1]+100) and playerY >= (enemyPos[1]-100):
                time = 0
# 如果时间还没到0，敌人会追玩家！
if time > 0:
    enemyPos = followPlayer(enemyPos,(playerX,playerY),3)
```

在绘图代码中，添加以下代码。

```
myScreen.blit(myEnemy, [enemyPos[0]-30, enemyPos[1]-50])          #画敌人
```

最后，如果时间为0，将"GAME OVER"打印到屏幕上。把以下代码添加到绘图代码的底部。

```
if time == 0:
    myScreen.blit(myFont.render("GAME OVER",1,GOLD), (50, 150))
```

恭喜你，完成了自己的第1个游戏！下面是最后的代码，供你检查是否按照正确的顺序编写。现在你可以尝试改变图像、更新逻辑和使用不同的变量来创建一个新的游戏！

```
import pygame
from random import randint

def newPosition():                                    # 定义一个函数来创建新的随机位置
    randomX = randint(10,990)                          # 找到左右边缘之间的随机整数
    randomY = randint(10,615)                          # 在顶部和底部边缘之间找到一个随机整数
    return (randomX, randomY)                          # 返回x和y坐标

def followPlayer(e,p,s):                               # e = 敌人位置，p = 玩家位置，s = 速度 *** 新定义 ***
    x,y = e[0],e[1]
    if e[0] < p [0]:
        x = (e[0] + s)
    else: x = (e[0] - s)
    if e[1] < p [1]:
        y = (e[1] + s)
    else: y = (e[1] - s)
    return (x, y)
''' SET UP CODE HERE '''
pygame.init()                                          # 初始化Pygame
myClock = pygame.time.Clock()                          # 设置时钟
pygame.time.set_timer(pygame.USEREVENT, 1000)          # 设置定时器

myScreen = pygame.display.set_mode([1000, 625])        # 设置屏幕
pygame.display.set_caption('Bug Collecting')           # 设置标题

myBackground = pygame.image.load('circuits.png').convert()  # 载入背景

myPlayer = pygame.image.load('robot.png').convert()    # 载入玩家
myPlayer.set_colorkey((0,0,0))
myEnemy = pygame.image.load('enemy.png').convert()     # 载入敌人          # ** 新的一行 ** #
myEnemy.set_colorkey((0,0,0))                                            # ** 新的一行 ** #

mySound = pygame.mixer.Sound('laser.ogg')              # 载入声音

myFont = pygame.font.SysFont("monospace", 30)          # 载入字体

myBug = newPosition()                                  # 设置新金甲虫的位置
enemyPos = newPosition()                               # 设置新敌人的位置   # ** 新的一行 ** #

playerX = 500                                          # 设置玩家的X坐标
playerY = 300                                          # 设置玩家的Y坐标

score = 0                                              # 设置得分为0
time = 60                                              # 设置时间为60秒
GOLD = (255,200,0)                                     # 定义金色

done = False
while not done:                                        # 主循环
```

```
''' EVENT PROCESSING HERE '''
  for event in pygame.event.get():
    if event.type == pygame.QUIT:
      done = True
    elif event.type == pygame.KEYDOWN and time > 0:
      if event.key == pygame.K_LEFT:
        playerX -= 30
      if event.key == pygame.K_RIGHT:
        playerX += 30
      if event.key == pygame.K_UP:
        playerY -= 30
      if event.key == pygame.K_DOWN:
        playerY += 30
    elif event.type == pygame.USEREVENT:
      if time > 0:
        time -= 1
        if time%5 == 0:                                     # 每5秒移动一次敌人          # ''' 新的一行 ''' #
          enemyPos = newPosition()                                                   # ''' 新的一行 ''' #

''' GAME LOGIC HERE '''

  if playerX <= (myBug[0]+30) and playerX >= (myBug[0]-30):   # 如果玩家位置与金甲虫位置匹配，则收集它并在分数中加1
    if playerY <= (myBug[1]+50) and playerY >= (myBug[1]-50):
      mySound.play()                                          # 播放声音
      score += 1; print ('Score:',score)                      # 在分数中加1
      myBug = newPosition()                                   # 创建新金甲虫的位置

                                                              # 如果玩家位置与敌人位置相通（被追上了！），则为 GAME OVER，将时间设置为0
  if playerX <= (enemyPos[0]+60) and playerX >= (enemyPos[0]-60):                     # ''' 新的一行 ''' #
    if playerY <= (enemyPos[1]+100) and playerY >= (enemyPos[1]-100):                 # ''' 新的一行 ''' #
      time = 0                                                                        # ''' 新的一行 ''' #

                                                              # 如果时间不为0，则敌人追踪玩家
  if time > 0:                                                                        # ''' 新的一行 ''' #
    enemyPos = followPlayer(enemyPos,(playerX,playerY),3)                             # ''' 新的一行 ''' #

  myTextScore = myFont.render(("Score: " + str(score)), 1, GOLD)   # 更新分数文字
  myTextTime = myFont.render(("Time: " + str(time)), 1, GOLD)      # 更新时间文字

''' DRAWING CODE HERE '''                                          # 画出背景
  myScreen.blit(myBackground,[0,0])                                # 画出玩家
  myScreen.blit(myPlayer, [playerX-30, playerY-50])                # 画出敌人                  ''' 新的一行 '''
  myScreen.blit(myEnemy, [enemyPos[0]-30, enemyPos[1]-50])         # 画出金甲虫
  pygame.draw.ellipse(myScreen,GOLD,(myBug[0],myBug[1],10,20))     # 画出分数
  myScreen.blit(myTextScore, (50, 50))                             # 画出时间
  myScreen.blit(myTextTime, (50, 100))                             #如果时间为0时，输出GAME OVER

  if time == 0:                                                                       # ''' 新的一行 ''' #
    myScreen.blit(myFont.render("GAME OVER",1,GOLD), (50, 150))                        # ''' 新的一行 ''' #

  myClock.tick(60)                                                 # 画画频率设置为每秒60次
  pygame.display.flip()                                            # 翻转显示

pygame.quit()
```

成为 App 开发者

学习了最后的超级技能，你将成为一名 App 开发者，这样你就可以和其他人分享你已经完成的作品，尤其是那些无法使用 Python 进行编程的人。

打包你的 App

"App"是"application"（应用程序）的缩写。计算机应用程序是安装后在计算机上运行的程序。我们称之为"部署代码"。这种方式可以帮助你把程序作为应用程序分发给所有将使用它的用户！为此，你需要使用一个名为 PyInstaller 的库来打包或编译代码。这样，你就能够将 Python 脚本转换为独立的应用程序。

PyInstaller 允许用户在计算机上运行 Python 编写的应用程序，而不需要用户安装 Python。它将把你的所有代码（以及任何依赖项，例如你游戏里的机器人形象）放入一个可执行文件。然后，可执行文件可以作为 App 在其他计算机上安装、打开和运行。

关于 PyInstaller，在打包应用程序时需要注意的重要一点是，你创建的可执行文件将只能在与开发代码的相同环境中工作。例如，如果你使用的是 Mac OS 操作系统，你的应用程序将自动成为一个 Mac 应用程序。如果你使用 Windows 操作系统，你的应用程序将是基于 Windows 的。

进一步练习

既然你可以为你所使用的环境创建一个应用程序，为什么不试着找一个拥有不同操作系统的朋友呢？你也可以用他们的计算机来打包你的应用。

安装 PyInstaller

　　安装 PyInstaller 最简单的方法是使用 pip，这是一个用来安装和管理用 Python 编写的软件包的包管理系统。一旦安装了 Python，它就已经安装在你的计算机上。

○ 在苹果电脑上，你可以打开苹果电脑并键入。

```
pip3 pip install pyinstaller
```

○ 你将在使用 Windows 操作系统的计算机上使用 pip-Win。如果你以前没有使用过，可以尝试在应用程序中搜索它。

　　打开 pip-Win 后，在命令区中输入以下命令并单击运行。

```
venv -c -i pyi-env-name
```

　　pyi-env-name 可以换成任何你想要的名称，只要是一个没有空格的单词就可以。这将在 C:\Python\pyi-env-name 中创建一个新的虚拟环境，并使其成为当前环境。打开一个新的命令 shell 窗口，你可以在该环境中运行命令。输入以下命令。

```
pip install PyInstaller
```

小贴士

如果你觉得 pip 不适合你或者看起来很混乱，你可以通过访问 PyInstaller 官网下载、安装 PyInstaller，就像你以前使用 Pygame 等库时所做的那样。遇到任何问题你都可以查看网站上的信息和文档。

PyInstaller如何工作

以下是PyInstaller执行的步骤，你可以据此部署你的应用程序。

1. PyInstaller读取你写的Python脚本。

2. 它会分析代码，以发现脚本执行所需的所有模块和库。

3. 然后它会收集并复制所有文件，包括Python解释器，并将它们与脚本一起放到具有依赖关系的单个文件夹中。

4. 它还创建了一个与Python脚本同名的可执行文件。

一旦你打开PyInstaller，对于你的大多数程序，它就像一个简短的命令一样简单。

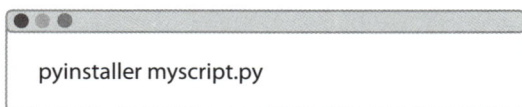

```
pyinstaller myscript.py
```

还有一个附加的选项，比如一个窗口（苹果电脑）或一个文件（使用Windows系统的计算机）应用程序。这将创建单个可执行文件，如果包含图像或声音，这将非常有用。例如，在苹果电脑上，如下图所示。

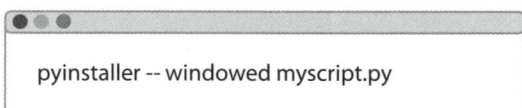

```
pyinstaller -- windowed myscript.py
```

在使用Windows操作系统的计算机上，如下图所示。

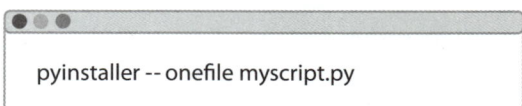

```
pyinstaller -- onefile myscript.py
```

默认情况下，PyInstaller将在主目录文件夹中查找Python脚本。在调用PyInstaller之前，你应该确定你的脚本在这个文件夹中，也可以更改所在的目录。

尝试用以前的脚本中测试PyInstaller，比如sketch程序。

对于苹果电脑，如下图所示。

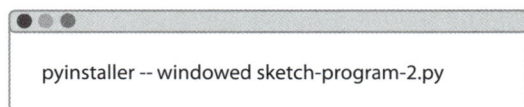

```
pyinstaller -- windowed sketch-program-2.py
```

对于使用Windows操作系统的计算机，如下图所示。

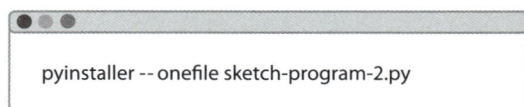

```
pyinstaller -- onefile sketch-program-2.py
```

你可以通过运行刚刚创建的可执行文件来测试应用程序本身。

作为进一步的测试，尝试为你的音乐家音频播放器和你的机器人游戏创建一个应用程序！PyInstaller将包括你的音频播放器和游戏运行所需要的Pygame资源。需要注意的是，有些脚本在PyInstaller中会比其他脚本工作得更好。PyInstaller在打包简单的脚本（如侦探的密码程序或老师的冒泡排序）方面非常有效——因为它们只包含Python本地的模块。

记住，PyInstaller的输出是特定于当前操作系统和Python的当前版本的。

分发你的应用程序

　　一旦 PyInstaller 绑定你的应用程序，你将只剩下一个文件夹和一个可执行文件。为了部署程序，你所需要做的就是将文件夹压缩到 zip 文件中。要做到这一点，只需右键单击文件夹，在菜单中选择 Compress（苹果电脑）或 Zip（使用 Windows 操作系统的计算机）。一旦你的压缩文件发送给你的用户，他们将在简单的解压缩之后安装程序。然后，用户可以通过打开文件夹并在其中启动可执行文件来运行应用程序。

祝贺你

　　现在你已经掌握了 10 项超级技能！一路上，你尝试了各种不同的职业，比如成为程序员、艺术家、时装设计师、建筑师、侦探、教师、音乐家和游戏设计师，现在你成了应用程序开发人员。做得好！不管接下来你是用 Python 还是决定尝试其他编程语言，当你继续探索时，你可以使用你在书中学到的技能。即使你不继续学习计算机编程，了解编程的基本思想也会对你的学习和工作有所帮助。玩得开心，保持好奇心，永远不要停止探索科技和你周围的世界。

小贴士

如果你的可执行文件在 PyIn-staller 创建时不在你的 app 文件夹中，在你压缩它之前一定要把它移到文件夹中。

有用的链接

恭喜你！你现在已经掌握了10个超级技能，使你成为一名程序员。这里有一些资源，你可以用来学习更多和建立其他伟大的项目。

GitHub 网站

在 GitHub 网站中搜索〝How To Code2〞。

GitHub 对于存储和共享代码非常有用。你可以找到这本书中所有的代码。

Python 官网

在 Python 的官方网站上，你可以下载并找到所有与 Python 相关的信息！

STACK OVERFLOW 网站

如果你的代码不能正常工作，那么这是一个询问问题和获得关于基于文本的编程语言建议的好地方。

打字

ratatype 网站和 typingclub 网站可以免费在线学习和练习打字技能。

开放源代码

opensource 是一个你可以学习更多开放源代码的网站。

PyGame 官网

Pygame 是一个跨平台的免费的开源 Python 编程语言库，旨在使用 Python 编写多媒体软件（如游戏）变得容易。

免费声音

如果你的程序需要声音剪辑，你可以在 opengameart 网站和 freesound 网站下载开源的声音剪辑。

免费图片

pixabay 网站和 pexels 网站有免费的图片和视频供你在项目中使用。

PyInstaller 官网

下载 PyInstaller，将 Python 程序打包成独立的可执行文件。

词汇表

算法：作为解决问题的过程或公式而编写的一组特定指令。计算机程序是用算法编写的。

命令行：程序员使用命令行与计算机的操作系统进行通信。

坐标：由 x 轴（横轴）和 y 轴（纵轴）上的两个整数表示的屏幕上像素的位置。

中央处理器：计算机的命令中心，它将你的指令与输入和输出设备、存储器和网络进行通信。

事件：事件是程序运行时发生的事情，例如，移动鼠标、单击鼠标或用键盘输入。

事件处理程序：事件处理程序从事件循环接收关于发生了何种事件的信息。然后，它会找到相关的代码，告诉程序如果发生特定事件该怎么办。

事件循环：程序使用事件循环来持续检查正在发生的事件并查找用户可能给计算机的触发事件。

"for"循环：用于重复特定次数的代码的循环。

函数：函数是内置在 Python 中的代码，或者由你编写，可以重用以执行不同的任务。

GitHub：GitHub 是一个用来存储和共享代码的网站。

GUI：图形用户界面，发音"Gooey"。这是你与计算机交流时所使用的屏幕。

IDLE：交互式的开发环境。它是一个可以用来编写和运行 Python 程序的软件。

输入：输入计算机的所有信息，如按键和鼠标移动。

INTEGER：整数。

解释器：Python 解释器可以帮助你发现代码中的错误。它的工作是把我们告诉它的东西翻译成计算机能理解的语言！

模块：模块由代码组成。它就像一座图书馆，每本书都是一个模块。

开源软件：具有源代码的软件，任何人都可以检查、修改和改进。

输出：计算机发出的所有信息，如屏幕上的信息或声音。

参数：参数就像一个变量，允许程序员将信息或指令传递到程序中的函数和过程中。

像素：构成计算机屏幕的微小点。

伪代码：编写算法之前进行规划的一种有用的方法。

随机：意料之外或意想不到的东西。

终端：用于直接向计算机操作系统发送命令的应用程序。

Tkinter：Tkinter 是 Python 的内置 GUI 模块。

变量：程序中会改变的信息，比如时间、情绪或天气。

"while"循环：也称为无限循环，重复代码直到达到特定的目标。